小学 5 年生

単位と図形にぐーーんと強くなる

学習指導要領対応

KUM🙂N

目次

この本では、きその内容より少しむずかしい問題には、☆マークをつけています。

小数とm，cm

得点

点

答え➡別冊2ページ

1

□にあてはまる数を書きましょう。 〔1問 2点〕

① 0.4m = ☐ cm

② 0.7m = ☐ cm

③ 0.2m = ☐ cm

④ 0.08m = ☐ cm

⑤ 0.01m = ☐ cm

⑥ 0.05m = ☐ cm

⑦ 0.43m = ☐ cm

⑧ 0.67m = ☐ cm

⑨ 0.19m = ☐ cm

⑩ 0.52m = ☐ cm

2

□にあてはまる数を書きましょう。 〔1問 2点〕

① 30cm = ☐ m

② 80cm = ☐ m

③ 60cm = ☐ m

④ 1cm = ☐ m

⑤ 7cm = ☐ m

⑥ 4cm = ☐ m

⑦ 65cm = ☐ m

⑧ 81cm = ☐ m

⑨ 39cm = ☐ m

⑩ 74cm = ☐ m

3 □にあてはまる数を書きましょう。　　　　　　　　　　〔1問　2点〕

① 3.5m = _____ cm

② 4.8m = _____ cm

③ 5.08m = _____ cm

④ 6.03m = _____ cm

⑤ 7.26m = _____ cm

⑥ 8.37m = _____ cm

⑦ 330cm = _____ m

⑧ 206cm = _____ m

⑨ 191cm = _____ m

4 □にあてはまる数を書きましょう。　　　　　　　　　　〔1問　3点〕

① 1.9m = _____ m _____ cm

② 2.4m = _____ m _____ cm

③ 4.8m = _____ m _____ cm

④ 7.5m = _____ m _____ cm

⑤ 9.6m = _____ m _____ cm

⑥ 5.7m = _____ m _____ cm

⑦ 3.2m = _____ m _____ cm

⑧ 5m80cm = _____ m

⑨ 7m40cm = _____ m

⑩ 9m20cm = _____ m

⑪ 3m70cm = _____ m

⑫ 1m10cm = _____ m

⑬ 2m90cm = _____ m

⑭ 4m30cm = _____ m

2 小数とm, mm／L, mL

答え➡別冊2ページ

□にあてはまる数を書きましょう。　〔1問　2点〕

① 0.2m = ⬚ mm

② 0.9m = ⬚ mm

③ 0.03m = ⬚ mm

④ 0.07m = ⬚ mm

⑤ 0.004m = ⬚ mm

⑥ 0.7L = ⬚ mL

⑦ 0.9L = ⬚ mL

⑧ 0.04L = ⬚ mL

⑨ 0.08L = ⬚ mL

⑩ 0.005L = ⬚ mL

2

□にあてはまる数を書きましょう。　〔1問　2点〕

① 200mm = ⬚ m

② 800mm = ⬚ m

③ 40mm = ⬚ m

④ 60mm = ⬚ m

⑤ 9mm = ⬚ m

⑥ 800mL = ⬚ L

⑦ 600mL = ⬚ L

⑧ 30mL = ⬚ L

⑨ 50mL = ⬚ L

⑩ 1mL = ⬚ L

③ □にあてはまる数を書きましょう。　　　　　　〔1問　2点〕

① 1.6m = [　　　] mm

② 5.1m = [　　　] mm

③ 1.05m = [　　　] mm

④ 4.03m = [　　　] mm

⑤ 3.72m = [　　　] mm

⑥ 1500mm = [　　　] m

⑦ 4600mm = [　　　] m

⑧ 3080mm = [　　　] m

⑨ 2940mm = [　　　] m

④ □にあてはまる数を書きましょう。　　　　　　〔1問　3点〕

① 1.7L = [　　] L [　　　] mL

② 2.9L = [　　] L [　　　] mL

③ 5.3L = [　　] L [　　　] mL

④ 8.1L = [　　] L [　　　] mL

⑤ 7.6L = [　　] L [　　　] mL

⑥ 9.4L = [　　] L [　　　] mL

⑦ 3.5L = [　　] L [　　　] mL

⑧ 1L300mL = [　　　] L

⑨ 2L800mL = [　　　] L

⑩ 6L200mL = [　　　] L

⑪ 7L100mL = [　　　] L

⑫ 9L800mL = [　　　] L

⑬ 5L500mL = [　　　] L

⑭ 8L400mL = [　　　] L

3 小数とkm，m／kg，g

 □にあてはまる数を書きましょう。　〔1問　2点〕

① 0.5km ＝ ☐ m

② 0.9km ＝ ☐ m

③ 0.02km ＝ ☐ m

④ 0.07km ＝ ☐ m

⑤ 0.005km ＝ ☐ m

⑥ 0.362km ＝ ☐ m

⑦ 0.7kg ＝ ☐ g

⑧ 0.08kg ＝ ☐ g

⑨ 0.003kg ＝ ☐ g

⑩ 0.714kg ＝ ☐ g

 □にあてはまる数を書きましょう。　〔1問　2点〕

① 200m ＝ ☐ km

② 800m ＝ ☐ km

③ 60m ＝ ☐ km

④ 90m ＝ ☐ km

⑤ 3m ＝ ☐ km

⑥ 389m ＝ ☐ km

⑦ 300g ＝ ☐ kg

⑧ 50g ＝ ☐ kg

⑨ 2g ＝ ☐ kg

⑩ 996g ＝ ☐ kg

3 □にあてはまる数を書きましょう。 〔1問 2点〕

① 1.9km = ☐ m

② 4.01km = ☐ m

③ 2.16km = ☐ m

④ 1300m = ☐ km

⑤ 8530m = ☐ km

⑥ 2.8kg = ☐ g

⑦ 7.25kg = ☐ g

⑧ 6030g = ☐ kg

⑨ 8530g = ☐ kg

4 □にあてはまる数を書きましょう。 〔1問 3点〕

① 1.3km = ☐ km ☐ m

② 5.6km = ☐ km ☐ m

③ 9.4km = ☐ km ☐ m

④ 2.5kg = ☐ kg ☐ g

⑤ 6.1kg = ☐ kg ☐ g

⑥ 7.8kg = ☐ kg ☐ g

⑦ 8.9kg = ☐ kg ☐ g

⑧ 2km600m = ☐ km

⑨ 5km300m = ☐ km

⑩ 3km800m = ☐ km

⑪ 1kg200g = ☐ kg

⑫ 4kg100g = ☐ kg

⑬ 6kg900g = ☐ kg

⑭ 7kg700g = ☐ kg

4 まとめ

答え➡別冊2ページ

1 □にあてはまる数を書きましょう。 〔1問 2点〕

① 0.1 m = □ cm

② 0.09 m = □ cm

③ 40 cm = □ m

④ 5 cm = □ m

⑤ 96 cm = □ m

⑥ 2.7 m = □ cm

⑦ 3.05 m = □ cm

⑧ 431 cm = □ m

⑨ 6.2 m = □ m □ cm

⑩ 7 m 80 cm = □ m

2 □にあてはまる数を書きましょう。 〔1問 2点〕

① 0.5 m = □ mm

② 0.08 m = □ mm

③ 0.009 m = □ mm

④ 300 mm = □ m

⑤ 50 mm = □ m

⑥ 1 mm = □ m

⑦ 3.2 m = □ mm

⑧ 2.07 m = □ mm

⑨ 6100 mm = □ m

⑩ 4020 mm = □ m

3 □にあてはまる数を書きましょう。　　　　　　　　〔1問　3点〕

① 0.1L = [　　　] mL

② 0.05L = [　　　] mL

③ 0.009L = [　　] mL

④ 700mL = [　　　] L

⑤ 40mL = [　　　] L

⑥ 3mL = [　　　] L

⑦ 8.3L = [　] L [　　　] mL

⑧ 4L500mL = [　　　] L

4 □にあてはまる数を書きましょう。　　　　　　　　〔1問　2点〕

① 0.04km = [　　] m

② 0.003km = [　] m

③ 500m = [　　] km

④ 7m = [　　] km

⑤ 2010m = [　　] km

⑥ 2.8km = [　] km [　　] m

5 □にあてはまる数を書きましょう。　　　　　　　　〔1問　3点〕

① 0.2kg = [　　] g

② 0.006kg = [　] g

③ 700g = [　　] kg

④ 80g = [　　] kg

⑤ 3g = [　　] kg

⑥ 146g = [　　] kg

⑦ 5.3kg = [　] kg [　　] g

⑧ 9kg500g = [　　] kg

三角形と角①

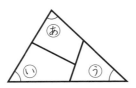・おぼえよう・・・

どんな三角形でも，3つの角の大きさの和は180°です。

$あ＋い＋う＝180°$

 次の三角形の角の大きさを，それぞれ分度器ではかりましょう。また，その3つの角の大きさの和を求めましょう。　　　　〔1つ　5点〕

①

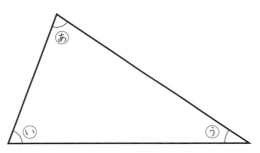

角あ　（　　　　　）

角い　（　　　　　）

角う　（　　　　　）

和　（　　　　　）

②

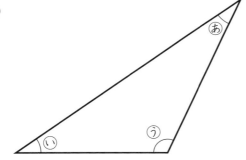

角あ　（　　　　　）

角い　（　　　　　）

角う　（　　　　　）

和　（　　　　　）

③

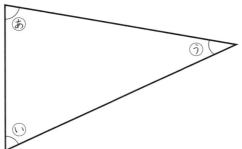

角あ　（　　　　　）

角い　（　　　　　）

角う　（　　　　　）

和　（　　　　　）

2 次の⊛の角の大きさを計算で求めます。□にあてはまる数を書きましょう。

〔1問 8点〕

①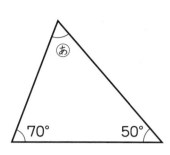

式　$180 - (70 + \boxed{})$

$= 180 - \boxed{}$

$= \boxed{}$

答え　$\left(\boxed{}^{\circ} \right)$

②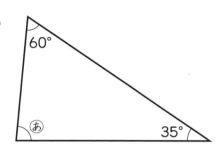

式　$180 - (\boxed{} + 35)$

$= 180 - \boxed{}$

$= \boxed{}$

答え　$\left(\boxed{}^{\circ} \right)$

3 次の⊛の角の大きさは何度ですか。

〔1問 8点〕

①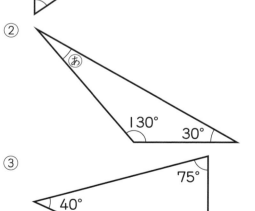

式

答え　$\left(\right)$

②

式

答え　$\left(\right)$

③

式

答え　$\left(\right)$

6 角の大きさ② 三角形と角②

得点

点

答え➡別冊3ページ

ポイント

二等辺三角形

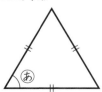

あの角の大きさは，
$(180-30)\div2$
$=150\div2$
$=75$

75°

正三角形

あの角の大きさは，
$180\div3=60$

60°

次のあの角の大きさを計算で求めます。□にあてはまる数を書きましょう。

〔1問 10点〕

① 二等辺三角形

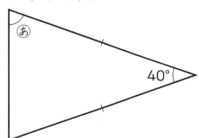

式 $(180-\boxed{})\div2$

$=\boxed{}\div2$

$=\boxed{}$

答え $\left(\boxed{}\right)°$

② 二等辺三角形

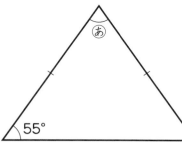

式 $180-55\times\boxed{}$

$=180-\boxed{}$

$=\boxed{}$

答え $\left(\boxed{}\right)°$

③ 正三角形

式 $180\div\boxed{}$

$=\boxed{}$

答え $\left(\boxed{}\right)°$

2 次の⑥の角の大きさは何度ですか。 〔1問 14点〕

① 二等辺三角形　　　　　　　　　　　　　式

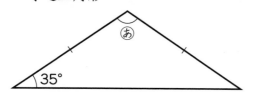

答え （　　　　　）

② 二等辺三角形　　　　　　　　　　　　　式

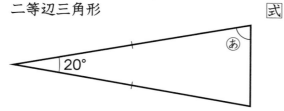

答え （　　　　　）

③ 二等辺三角形　　　　　　　　　　　　　式

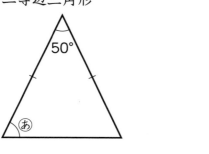

答え （　　　　　）

④ 二等辺三角形　　　　　　　　　　　　　式

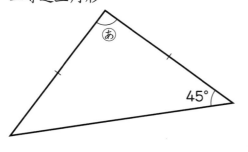

答え （　　　　　）

⑤ 正三角形　　　　　　　　　　　　　　　式

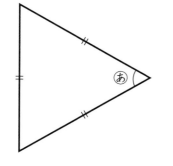

答え （　　　　　）

答え➡別冊4ページ

得点　　　点

ポイント

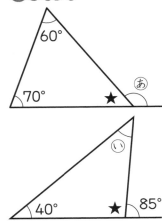

あの角の大きさは,

180−(60+70)

= 180−130

= 50

180−50=130　　130°

いの角の大きさは,

180−85 = 95

180−(40+95)

= 180−135

= 45　　45°

まず, ★の角の大きさを求めます。

1 次のあの角の大きさを計算で求めます。□にあてはまる数を書きましょう。

〔1問　10点〕

①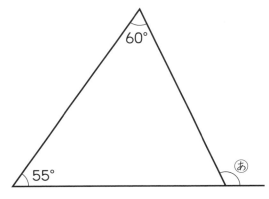

式　180−(60+55)

= 180−□

= □

180−□ = □

答え（　□°）

②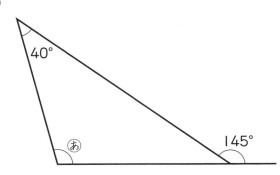

式　180−145 = 35

180−(40+□)

= 180−□

= □

答え（　□°）

次の⑧の角の大きさは何度ですか。 〔1問 20点〕

① 式

55°

75° ⑧

答え （　　　　　）

② 式

⑧

35°

60°

答え （　　　　　）

③ 式

45°

80° ⑧

答え （　　　　　）

④ 式

30° 80°

⑧

答え （　　　　　）

四角形と角①

得点

点

答え➡別冊4ページ

おぼえよう

どんな四角形でも，4つの角の大きさの和は360°です。

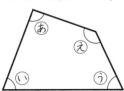 ➡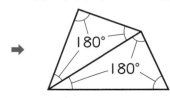

$180 \times 2 = 360$

$ⓐ + ⓘ + ⓤ + ⓔ = 360$

1 次の四角形の角の大きさを，それぞれ分度器ではかりましょう。また，その4つの角の大きさの和を求めましょう。　〔1つ　6点〕

①

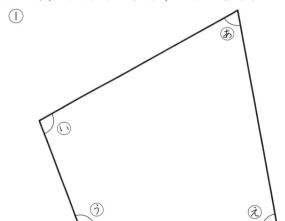

角ⓐ （　　　　）

角ⓘ （　　　　）

角ⓤ （　　　　）

角ⓔ （　　　　）

和 （　　　　）

②

角ⓐ （　　　　）

角ⓘ （　　　　）

角ⓤ （　　　　）

角ⓔ （　　　　）

和 （　　　　）

2 次の⑧の角の大きさを計算で求めます。□にあてはまる数を書きましょう。

〔1問　10点〕

①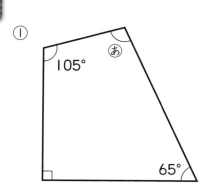

式　$360 - (105 + 90 + \boxed{})$

$= 360 - \boxed{}$

$= \boxed{}$

答え　$\left(\boxed{} \,^{\circ} \right)$

②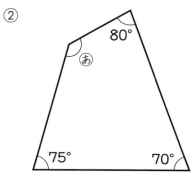

式　$360 - (80 + 75 + \boxed{})$

$= 360 - \boxed{}$

$= \boxed{}$

答え　$\left(\boxed{} \,^{\circ} \right)$

3 次の⑧の角の大きさは何度ですか。

〔1問　10点〕

①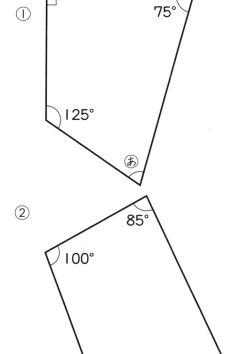

式

答え　$()$

②

式

答え　$()$

9 四角形と角②

ポイント

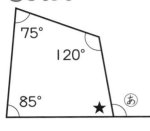

あの角の大きさは，

360−(120+75+85)

= 360−280

= 80

180−80 = 100　　　100°

いの角の大きさは，

180−75 = 105

360−(130+105+60)

= 360−295

= 65　　　　　　　　65°

まず，★の角の大きさを求めます。

1 次のあの角の大きさを計算で求めます。□にあてはまる数を書きましょう。

〔1問　10点〕

①

115°

80°　　あ

式　360−(115+90+□)

= 360−□

= □

180−□ = □

答え（□°）

②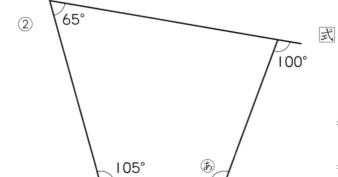
65°

100°

105°　　あ

式　180−□ = □

360−(65+105+□)

= 360−□

= □　　答え（□°）

2 次のあの角の大きさは何度ですか。　〔1問　20点〕

①

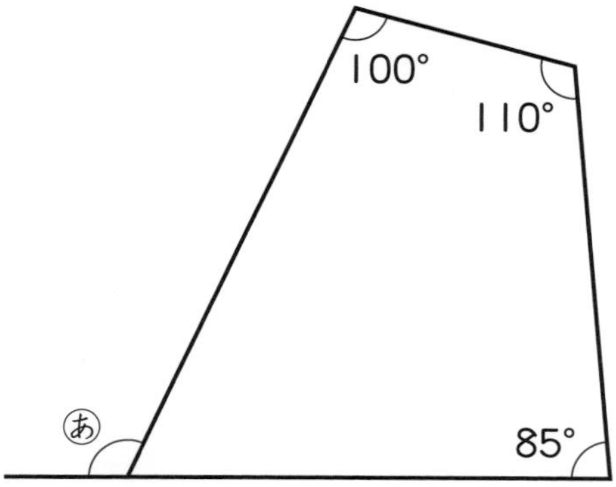
100°
110°
あ
85°

式

答え（　　　　）

②

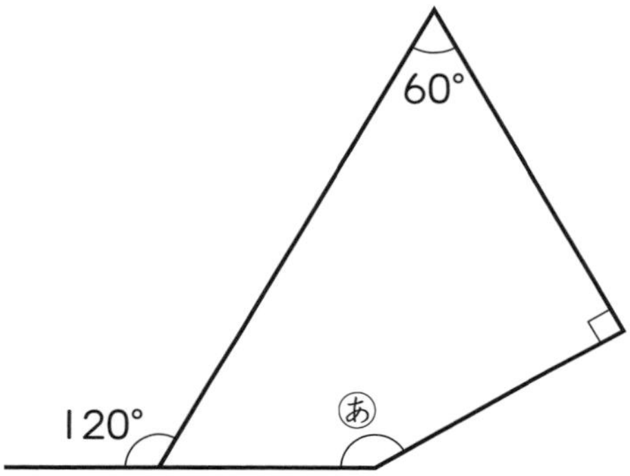
60°
120°
あ

式

答え（　　　　）

③

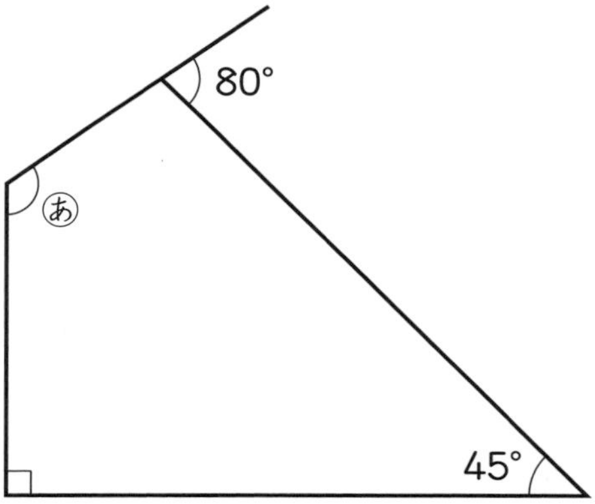
80°
あ
45°

式

答え（　　　　）

④

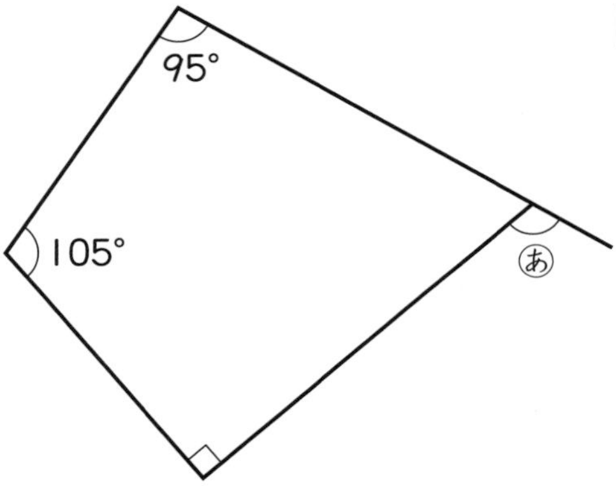
95°
105°
あ

式

答え（　　　　）

10 多角形①

> **おぼえよう**
>
> 5本の直線で囲まれた図形を**五角形**,
> 6本の直線で囲まれた図形を**六角形**といいます。
> 三角形, 四角形, 五角形, 六角形, …のように,
> 直線で囲まれた図形を**多角形**といいます。

1 五角形の5つの角の大きさの和を3つの考え方で求めます。□にあてはまることばや数を書きましょう。

〔1問 10点〕

①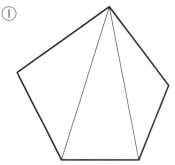

1つの頂点から対角線をひくと, □つの三角形に分けられます。

だから, 五角形の5つの角の大きさの和は,

$180 × □ = □$

答え $(□ °)$

②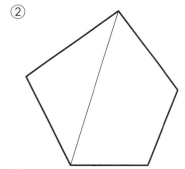

1つの頂点から1本だけ □ をひくと,

三角形と四角形に分けられます。

だから, 五角形の5つの角の大きさの和は,

$180 + □ = □$

答え $(□ °)$

③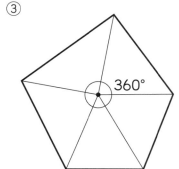

五角形の中に点をとって, □つの三角形に分けます。$180 × □ = □$

ここから, 中の点に集まった角の360°をひいて,

$□ - 360 = □$

答え $(□ °)$

2 六角形の6つの角の大きさの和を3つの考え方で求めます。□にあてはまる数を書きましょう。

〔1問 10点〕

①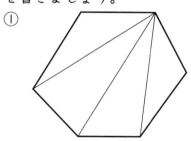

式 ☐ × ☐ = ☐

答え （ ☐° ）

②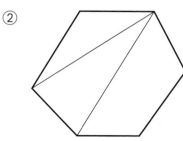

式 ☐ × ☐ + ☐

= ☐ + ☐

= ☐

答え （ ☐° ）

③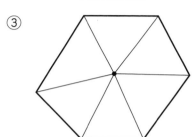

式 ☐ × ☐ − ☐

= ☐ − ☐

= ☐

答え （ ☐° ）

3 多角形の1つの頂点から対角線をひいてできる三角形の数と，角の大きさの和を考えます。

〔1問 20点〕

① 表を完成させましょう。

	三角形	四角形	五角形	六角形	七角形	八角形	九角形
	△	⬠	⬠	⬡	⬡	⬡	⬡
三角形の数	1						
角の大きさの和	180°						

② 三角形の数が1つふえると，角の大きさの和は何度ふえますか。

（　　　　）

ポイント

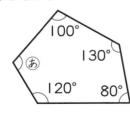

100°
130°
あ
120°   80°

あの角の大きさは,
五角形の5つの角の大きさの和が,
　180×3＝540だから
　540－(100＋120＋80＋130)
＝540－430
＝110　　　　　　　　　<u>110°</u>

1　次の⑧の角の大きさを計算で求めます。□にあてはまる数を書きましょう。

〔1問　10点〕

①

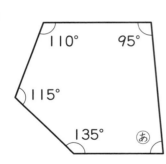

110°　　95°

115°

135°　　あ

五角形の5つの角の大きさの和は,

$180 \times \boxed{} = \boxed{}$

$\boxed{} - (95+110+115+135)$

$= \boxed{} - 455 = \boxed{}$

答え（ $\boxed{}$ °）

②

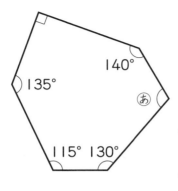

140°
135°
あ
115° 130°

六角形の6つの角の大きさの和は,

$180 \times \boxed{} = \boxed{}$

$\boxed{} - (140+90+135+115+130)$

$= \boxed{} - \boxed{}$

$= \boxed{}$

答え（ $\boxed{}$ °）

次の⊛の角の大きさは何度ですか。　　　　　　　　　　〔1問　20点〕

① 式

75°

⊛

125°

105°

答え （　　　　　）

② 式

⊛

100°　　　　95°

105°　　120°

答え （　　　　　）

③ 式

115°

125°　　　110°

140°　　⊛

100°

答え （　　　　　）

④ 式

⊛

120°

100°

135°　　125°

答え （　　　　　）

12 角の大きさ⑧ まとめ

1 □にあてはまる数やことばを書きましょう。　〔1問　8点〕

① どんな三角形でも，3つの角の大きさの和は □ °です。

② どんな四角形でも，4つの角の大きさの和は □ °です。

③ 三角形，四角形，五角形，六角形などのように，直線だけで囲まれた図形を，□ といいます。

④ 八角形の8つの角の大きさの和を求めます。

1つの頂点から □ をひくと，□ つの三角形に分けられます。

だから，180× □ ＝ □ で，□ です。

2 次のあの角の大きさは何度ですか。　〔1問　8点〕

① 式

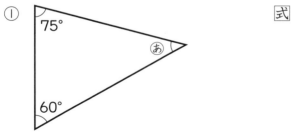

答え （　　　　　）

② 二等辺三角形　式

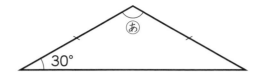

答え （　　　　　）

③ 式

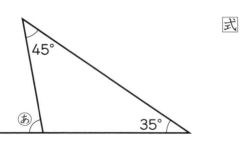

答え （　　　　　）

3 次の⑤の角の大きさは何度ですか。 〔1問 11点〕

① 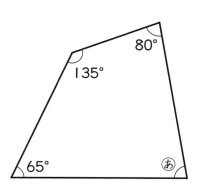 式

答え （　　　　　）

② 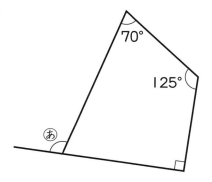 式

答え （　　　　　）

③ 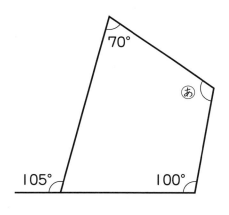 式

答え （　　　　　）

④ 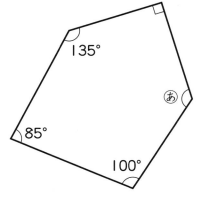 式

答え （　　　　　）

cm³

得点

点

答え➡別冊6ページ

・**おぼえよう**・・・・・・・・・・・・・・・・・・・・・・・・・・・

| 辺が | cmの立方体の体積^{たいせき}（かさ）
を | **立方センチメートル**^{りっぽう}といい，| cm³
と書きます。

| cm³

1 | 辺が | cmの立方体の積み木を使って，いろいろな形を作りました。それぞれ
の形の体積を書きましょう。　〔1問　4点〕

①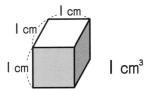

(| cm³)

②

(2cm³)

③

( )

④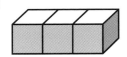

( )

⑤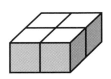

( )

⑥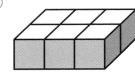

( )

⑦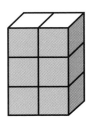

( )

⑧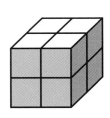

( )

2 1辺が1cmの立方体の積み木を使って，いろいろな直方体を作りました。それ
ぞれの直方体の体積を書きましょう。 〔1問 4点〕

①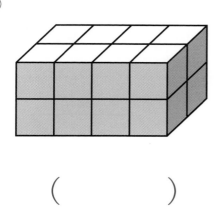

②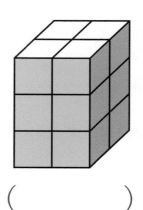

( ) ( )

3 次の直方体の体積は何cm³ですか。

〔1問 10点〕

①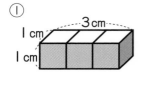

②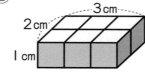

③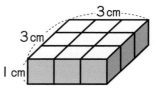

( ) ( ) ( )

④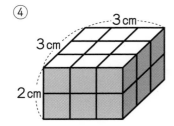

⑤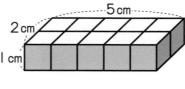

( )

( )

⑥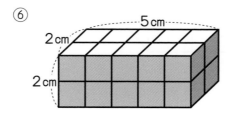

( )

14 直方体の体積

 おぼえよう

直方体の体積＝たて×横×高さ

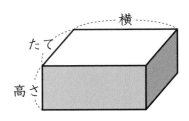

横
たて
高さ

 1

次の直方体の体積を求めましょう。

〔1問　25点〕

①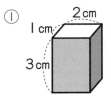

2cm
1cm
3cm

式　1×2×3＝

答え（　　　　　　）

②

2cm
3cm
4cm

式

答え（　　　　　　）

③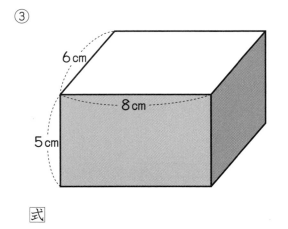

6cm
8cm
5cm

式

答え（　　　　　　）

④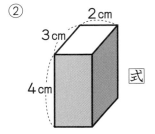

4cm
14cm
12cm

式

答え（　　　　　　）

 おぼえよう

立方体の体積 ＝ １辺×１辺×１辺

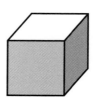

※立方体の辺の長さは
全部同じ。

1 次の立方体の体積を求めましょう。

〔1問　25点〕

①

2cm

式　2×2×2＝

答え（　　　　　　　）

②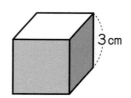

3cm

式

答え（　　　　　　　）

③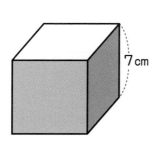

7cm

式

答え（　　　　　　　）

④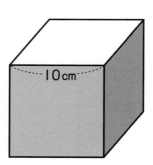

10cm

式

答え（　　　　　　　）

1 次の図は，直方体の展開図と見取図です。見取図の（　）にあてはまる辺の長さを書きましょう。

〔1問　10点〕

① （展開図）

（見取図）

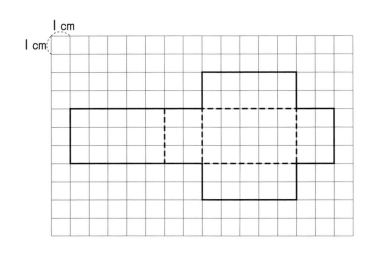

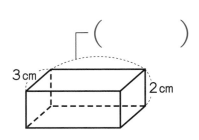

② （展開図）

（見取図）

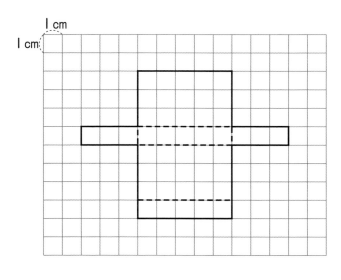

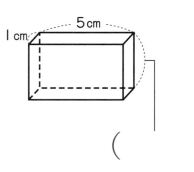

2 次の図は，直方体の展開図と見取図です。直方体の体積を求めましょう。

〔1問　40点〕

① （展開図）

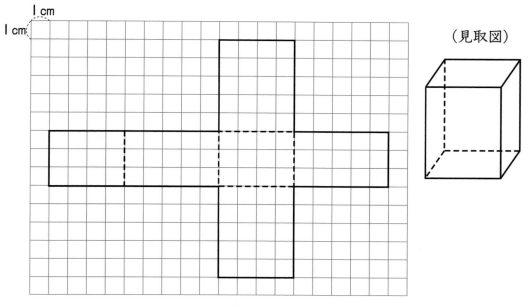

（見取図）

式

答え　（　　　　　　　）

② （展開図）

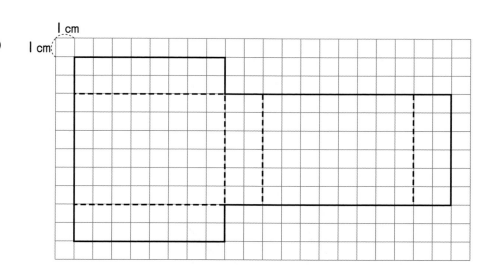

（見取図）

式

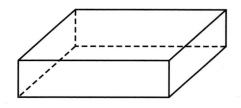

答え　（　　　　　　　）

17 体積を求めるくふう①

ポイント

下のような立体の体積は，2つの直方体に分けて考えましょう。

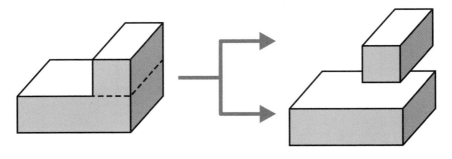

1 次の図のような立体の体積を求めましょう。　　〔1問　20点〕

①

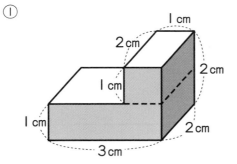

式

$$2×1×1 + 2×3×1$$
$$=2+6$$
$$=$$

答え（　　　　　　）

②

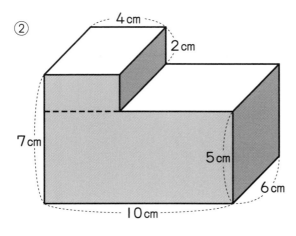

式

答え（　　　　　　）

次の図のような立体の体積を求めましょう。　　　〔1問　20点〕

①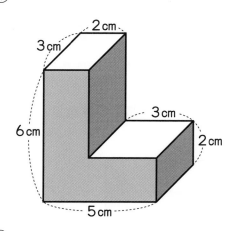

式

答え（　　　　　）

②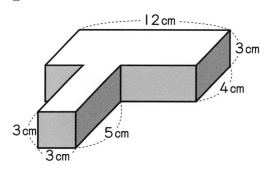

式

答え（　　　　　）

③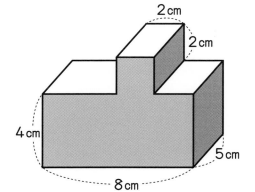

式

答え（　　　　　）

ポイント

下のような立体の体積は，大きな直方体からへこんだ部分の体積をひいて求めることができます。

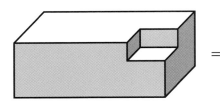 = 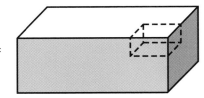 −

1 次の図のような立体の体積を求めましょう。　　〔1問　20点〕

①

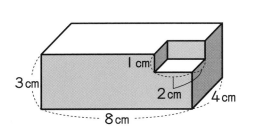

式

$4 \times 8 \times 3$ − $2 \times 2 \times 1$

$= 96 − 4$

$=$

答え（　　　　　　　）

②

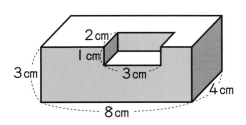

式

答え（　　　　　　　）

2 次の図のような立体の体積を求めましょう。　〔1問　20点〕

①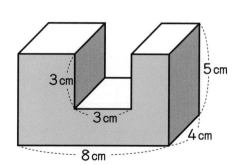

式

答え （　　　　　　）

②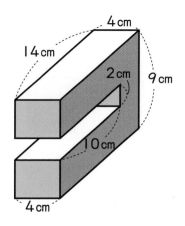

式

答え （　　　　　　）

③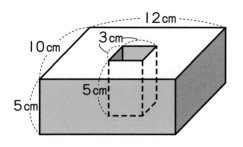

式

答え （　　　　　　）

・おぼえよう・・・・・・・・・・・・

１辺が１mの立方体の体積を
立方メートルといい，　１m³
と書きます。

１m³

---

1 次の直方体や立方体の体積は何m³ですか。　〔1問　8点〕

①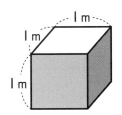

式

答え（　　　　　　）

②

式

答え（　　　　　　）

③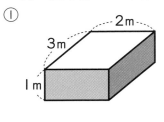

式

答え（　　　　　　）

④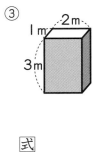

式

答え（　　　　　　）

⑤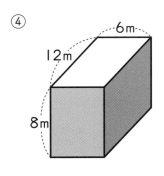

式

答え（　　　　　　）

たて，横，高さの単位のちがうものは，単位をそろえてから計算しましょう。

「何cm³ですか。」のような問題では，単位をcmにそろえてから計算しましょう。

2 次の直方体や立方体の体積は何cm³ですか。 〔1問 15点〕

①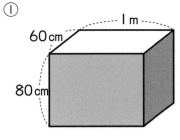

60cm　1m　80cm

式 60×100×80＝

答え（　　　　　　）

②

50cm　1m　50cm

式

答え（　　　　　　）

③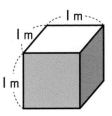

1m　1m　1m

式

答え（　　　　　　）

④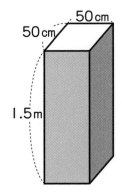

50cm　50cm　1.5m

式

答え（　　　　　　）

m³とcm³①

$$1\,m^3 = 1000000\,cm^3$$

$$1\,m^3 = (100 \times 100 \times 100)\,cm^3 = 1000000\,cm^3$$

 □にあてはまる数を書きましょう。　　　　〔1問　10点〕

① 1m³ = ☐ cm³　　② 2m³ = ☐ cm³

③ 3m³ = ☐ cm³　　④ 5m³ = ☐ cm³

⑤ 8m³ = ☐ cm³　　⑥ 4m³ = ☐ cm³

⑦ 7m³ = ☐ cm³

⑧ 9m³ = ☐ cm³

☆⑨ 10m³ = ☐ cm³

☆⑩ 12m³ = ☐ cm³

m³とcm³②

得点

点

答え➡別冊7ページ

例

$$1000000 \, cm^3 = 1 \, m^3$$
$$3000000 \, cm^3 = 3 \, m^3$$

1 □にあてはまる数を書きましょう。　　　　〔1問　10点〕

① $1000000 \, cm^3 =$ ☐ m^3　　　② $2000000 \, cm^3 =$ ☐ m^3

③ $4000000 \, cm^3 =$ ☐ m^3　　　④ $6000000 \, cm^3 =$ ☐ m^3

⑤ $5000000 \, cm^3 =$ ☐ m^3　　　⑥ $8000000 \, cm^3 =$ ☐ m^3

⑦ $3000000 \, cm^3 =$ ☐ m^3

⑧ $9000000 \, cm^3 =$ ☐ m^3

☆⑨ $10000000 \, cm^3 =$ ☐ m^3

☆⑩ $11000000 \, cm^3 =$ ☐ m^3

22 m³とcm³③

例

$$0.1 \text{m}^3 = 100000 \text{cm}^3$$
$$0.13 \text{m}^3 = 130000 \text{cm}^3$$

 □にあてはまる数を書きましょう。　　　　　　〔1問　10点〕

① $0.2 \text{m}^3 =$ 200000 cm³　　② $0.3 \text{m}^3 =$ ☐ cm³

③ $0.5 \text{m}^3 =$ ☐ cm³　　④ $0.53 \text{m}^3 =$ 530000 cm³

⑤ $0.25 \text{m}^3 =$ ☐ cm³　　⑥ $0.72 \text{m}^3 =$ ☐ cm³

☆⑦ $1.2 \text{m}^3 =$ 1200000 cm³

☆⑧ $1.3 \text{m}^3 =$ ☐ cm³

☆⑨ $1.25 \text{m}^3 =$ ☐ cm³

☆⑩ $3.74 \text{m}^3 =$ ☐ cm³

$1 \text{m}^3 = 1000000 \text{cm}^3$
$1.2 \text{m}^3 = 1200000 \text{cm}^3$
$1.23 \text{m}^3 = 1230000 \text{cm}^3$

例

$$100000\,cm^3 = 0.1\,m^3$$
$$130000\,cm^3 = 0.13\,m^3$$

1 □にあてはまる数を書きましょう。　　　　〔1問　10点〕

① 300000 cm³ = [　　] m³

② 700000 cm³ = [　　] m³

③ 600000 cm³ = [　　] m³

④ 680000 cm³ = [0.68] m³

⑤ 820000 cm³ = [　　] m³

⑥ 250000 cm³ = [　　] m³

☆⑦ 2500000 cm³ = [2.5] m³

☆⑧ 4900000 cm³ = [　　] m³

☆⑨ 4930000 cm³ = [　　] m³

☆⑩ 6720000 cm³ = [　　] m³

24 m³とcm³ ⑤

1 □にあてはまる数を書きましょう。　　　　〔1問　2点〕

① 3 m³ = ⬚ cm³

② 7 m³ = ⬚ cm³

③ 1 m³ = ⬚ cm³

④ 8 m³ = ⬚ cm³

⑤ 10 m³ = ⬚ cm³

⑥ 5 m³ = ⬚ cm³

⑦ 11 m³ = ⬚ cm³

⑧ 9 m³ = ⬚ cm³

⑨ 21 m³ = ⬚ cm³

⑩ 13 m³ = ⬚ cm³

⑪ 2000000 cm³ = ⬚ m³

⑫ 5000000 cm³ = ⬚ m³

⑬ 9000000 cm³ = ⬚ m³

⑭ 1000000 cm³ = ⬚ m³

⑮ 7000000 cm³ = ⬚ m³

⑯ 3000000 cm³ = ⬚ m³

⑰ 10000000 cm³ = ⬚ m³

⑱ 13000000 cm³ = ⬚ m³

⑲ 15000000 cm³ = ⬚ m³

⑳ 20000000 cm³ = ⬚ m³

□にあてはまる数を書きましょう。　　　　　　　　〔1問　4点〕

① 0.7㎥ = ☐ cm³

② 0.3㎥ = ☐ cm³

③ 0.25㎥ = ☐ cm³

④ 0.72㎥ = ☐ cm³

⑤ 2.7㎥ = ☐ cm³

⑥ 5.8㎥ = ☐ cm³

⑦ 3.24㎥ = ☐ cm³

⑧ 200000cm³ = ☐ m³

⑨ 500000cm³ = ☐ m³

⑩ 370000cm³ = ☐ m³

⑪ 580000cm³ = ☐ m³

⑫ 1800000cm³ = ☐ m³

⑬ 3200000cm³ = ☐ m³

⑭ 3120000cm³ = ☐ m³

⑮ 5070000cm³ = ☐ m³

例

$$1L = 1000\,cm^3$$
$$3L = 3000\,cm^3$$

  □にあてはまる数を書きましょう。　　　〔1問　10点〕

① 2L = ☐ cm³

② 3L = ☐ cm³

③ 5L = ☐ cm³

④ 1L = ☐ cm³

⑤ 8L = ☐ cm³

⑥ 4L = ☐ cm³

⑦ 6L = ☐ cm³

⑧ 9L = ☐ cm³

☆⑨ 10L = ☐ cm³

☆⑩ 13L = ☐ cm³

例

$$1000 \, \text{cm}^3 = 1 \, \text{L}$$
$$3000 \, \text{cm}^3 = 3 \, \text{L}$$

---

1 □にあてはまる数を書きましょう。 〔1問 10点〕

① 2000 cm³ = ☐ L

② 1000 cm³ = ☐ L

③ 4000 cm³ = ☐ L

④ 7000 cm³ = ☐ L

⑤ 9000 cm³ = ☐ L

⑥ 6000 cm³ = ☐ L

☆⑦ 10000 cm³ = ☐ L

☆⑧ 13000 cm³ = ☐ L

☆⑨ 18000 cm³ = ☐ L

☆⑩ 12000 cm³ = ☐ L

27 Lとcm³③

例

$$0.1L = 100\,cm^3$$
$$0.13L = 130\,cm^3$$

1 □にあてはまる数を書きましょう。　〔1問　10点〕

① 0.5L = □ cm³　② 0.3L = □ cm³

③ 0.8L = □ cm³　④ 0.2L = □ cm³

⑤ 0.6L = □ cm³　⑥ 0.9L = □ cm³

⑦ 0.15L = □ cm³

⑧ 0.85L = □ cm³

☆⑨ 1.85L = □ cm³

☆⑩ 3.91L = □ cm³

$$1L = 1000\,cm^3$$
$$1.2L = 1200\,cm^3$$
$$1.23L = 1230\,cm^3$$

28 Lとcm³④

得点

点

答え➡別冊8ページ

例

$$100\,\text{cm}^3 = 0.1\,\text{L}$$
$$130\,\text{cm}^3 = 0.13\,\text{L}$$

1 □にあてはまる数を書きましょう。　　　　〔1問　10点〕

① 200 cm³ = [　　] L

② 500 cm³ = [　　] L

③ 800 cm³ = [　　] L

④ 820 cm³ = [　　] L

⑤ 530 cm³ = [　　] L

⑥ 370 cm³ = [　　] L

⑦ 1000 cm³ = [　　] L

⑧ 1300 cm³ = [　　] L

☆⑨ 2300 cm³ = [　　] L

☆⑩ 3720 cm³ = [　　] L

・おぼえよう・

$$1L = 1000mL$$

1 □にあてはまる数を書きましょう。　　　　　　　　〔4点〕

1L＝1000mLです。また，1L＝1000cm³ですから，

1mL＝ □ cm³です。

2 □にあてはまる数を書きましょう。　　　　　　　　〔1問　4点〕

① 1mL＝ □ cm³

② 180mL＝ □ cm³

③ 1cm³＝ □ mL

④ 15cm³＝ □ mL

⑤ 350cm³＝ □ mL

⑥ 800cm³＝ □ mL

⑦ 1L＝ □ cm³

⑧ 1L＝ □ mL

⑨ 2L＝ □ mL

⑩ 10L＝ □ mL

⑪ 13L＝ □ mL

おぼえよう

$$1 m^3 = 1000 L$$

$1 m^3 = \boxed{1000000 cm^3}$

$1000 cm^3 = 1 L$
だから

$\boxed{1000 L}$

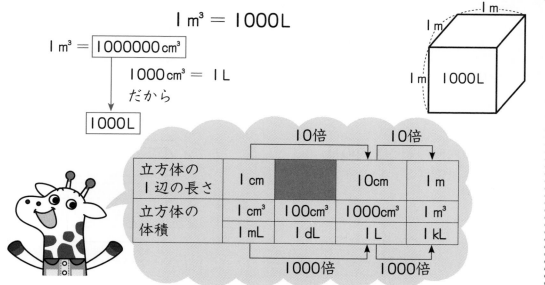

	10倍		10倍	
立方体の1辺の長さ	1 cm		10cm	1 m
立方体の体積	1 cm³	100cm³	1000cm³	1 m³
	1 mL	1 dL	1 L	1 kL
			1000倍	1000倍

□にあてはまる数を書きましょう。

〔1問 4点〕

① 1 m³ = □ L

② 3 m³ = □ L

③ 2 m³ = □ L

④ 5 m³ = □ L

⑤ 7 m³ = □ L

⑥ 9 m³ = □ L

☆⑦ 10 m³ = □ L

☆⑧ 12 m³ = □ L

⑨ 8000L = □ m³

⑩ 1000L = □ m³

⑪ 5000L = □ m³

⑫ 2000L = □ m³

☆⑬ 12000L = □ m³

💬 おぼえよう

入れ物の内側の長さを**内のり**，
内側の高さを**深さ**といいます。

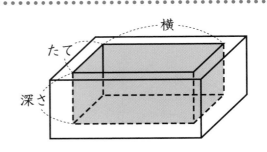

1 あつさ1cmの板で作った次の図のような直方体の形をした入れ物があります。
それぞれ，内のりのたて，横の長さと深さを求めましょう。 〔1問 20点〕

①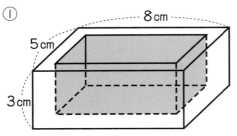

式 （内のりのたての長さ）

$5-2=$

（内のりの横の長さ）

$8-\boxed{}=$

（深さ）

$3-1=$

答え（内のりの
たての長さ…　　，内のりの
横の長さ…　　，深さ…　　　）

②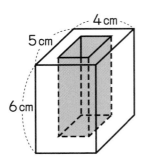

式

答え（内のりの
たての長さ…　　，内のりの
横の長さ…　　，深さ…　　　）

入れ物の内側いっぱいに入る水などの体積を，**容積**といいます。

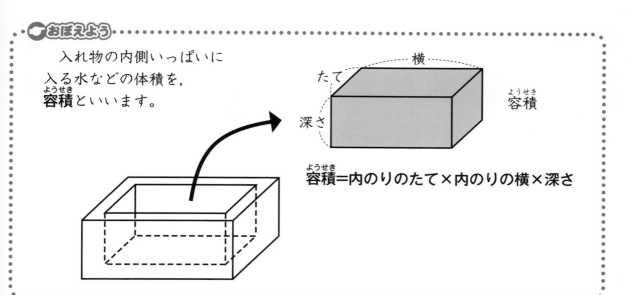

容積＝内のりのたて×内のりの横×深さ

2

次の直方体や立方体の形をした入れ物の容積を求めましょう。　〔1問　20点〕

①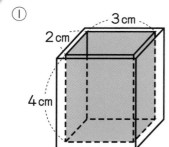

式

$2×3×4=$

答え （　　　　　　）

②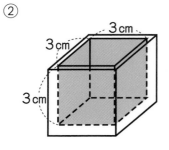

式

答え （　　　　　　）

③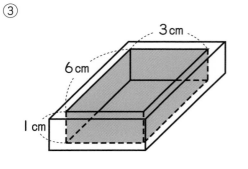

式

答え （　　　　　　）

1 次の直方体の形をした入れ物の容積を求めましょう。　　〔1問　10点〕

①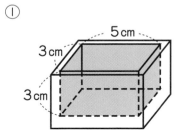

3cm　5cm
3cm

式

答え （　　　　　　　）

②

6cm　8cm
2cm

式

答え （　　　　　　　）

③ ［板のあつさは
　どこも1cm］

7cm
6cm
4cm

式

答え （　　　　　　　）

④ ［板のあつさは
　どこも1cm］

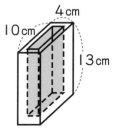

4cm
10cm
13cm

式

答え （　　　　　　　）

2 次の直方体の形をした入れ物の容積を求めましょう。 〔1問　10点〕

① ┌ 板のあつさは ┐
  └ どこも 2cm ┘

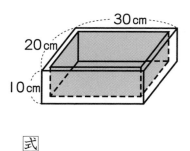

式

答え（　　　　　　　）

② ┌ 板のあつさは ┐
  └ どこも 5cm ┘

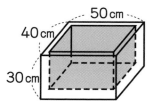

式

答え（　　　　　　　）

3 次の直方体の形をした入れ物の容積は何cm³ですか。また，それは何Lですか。
〔1問　20点〕

①

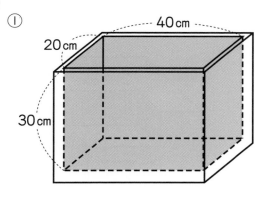

式

答え（　　　cm³で　　L）

② ┌ 板のあつさは ┐
  └ どこも 2cm ┘

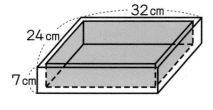

式

答え（　　　　　　　）

得点

点

答え➡別冊9ページ

1 次の図のような立体の体積を求めましょう。　　〔1問　10点〕

①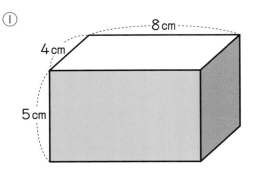

式

答え （　　　　　　）

②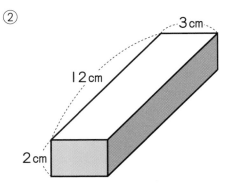

式

答え （　　　　　　）

③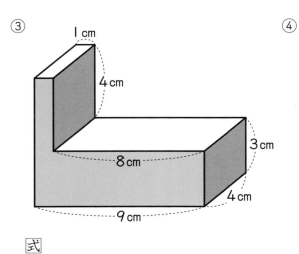

式

答え （　　　　　　）

④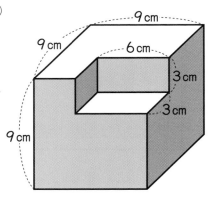

式

答え （　　　　　　）

② 次の直方体の形をした入れ物の容積を求めましょう。 〔1問 10点〕

①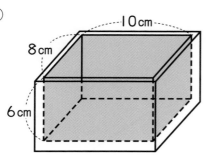

式

答え （　　　　　　　）

② ［板のあつさはどこも2cm］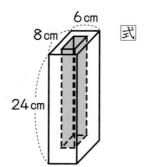

式

答え （　　　　　　　）

③ □にあてはまる数を書きましょう。 〔1問 4点〕

① 3m³ = [　　　　] cm³

② 11m³ = [　　　　] cm³

③ 7000000cm³ = [　　] m³

④ 380000cm³ = [　　] m³

⑤ 4L = [　　　　] cm³

⑥ 3000cm³ = [　] L

⑦ 5L = [　　　　] mL

⑧ 3800mL = [　　] L

⑨ 8m³ = [　　　] L

⑩ 3000L = [　　] m³

・おぼえよう・・・・・・・・・・・・・・・・・・・・・・・・・・

　形も大きさも同じで，ぴったり重ね合わすことの
できる2つの図形は**合同**であるといいます。

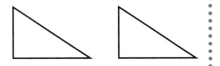

1 　下の図の中で，㋐の三角形と合同な三角形はどれですか。あてはまるものをすべて選んで，㋑～㋔の記号で答えましょう。　　　　　〔50点〕

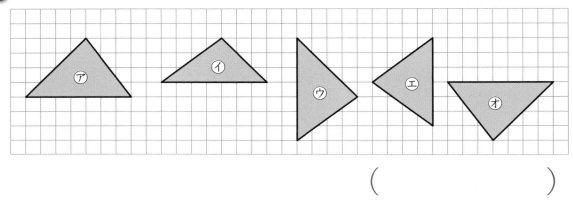

（　　　　　　　　　　　）

2 　下の図の中で，㋐の四角形と合同な四角形はどれですか。あてはまるものをすべて選んで，㋑～㋕の記号で答えましょう。　　　　　〔50点〕

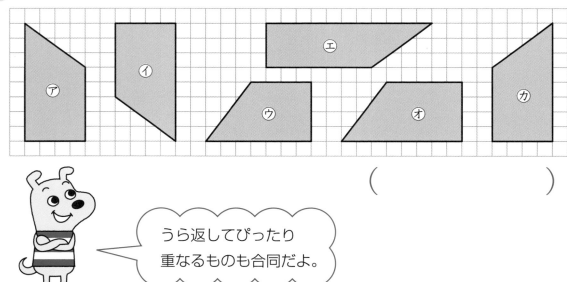

（　　　　　　　　　　　）

うら返してぴったり
重なるものも合同だよ。

┃おぼえよう┃ ‥‥‥‥‥‥‥‥‥‥‥‥‥‥‥‥‥‥‥‥‥‥‥‥

　合同な図形で，重なり合う頂点，辺，角をそれぞれ，**対応する頂点，対応する辺，対応する角**といいます。

1 右の合同な2つの三角形について，次の問題に答えましょう。　〔1問　10点〕

① 頂点Aに対応する
頂点はどれですか。　　　頂点（　　　）

② 頂点Cに対応する
頂点はどれですか。　　　頂点（　　　）

③ 辺ABに対応する
辺はどれですか。　　　辺（　　　）

④ 角Cに対応する角
はどれですか。　　　角（　　　）

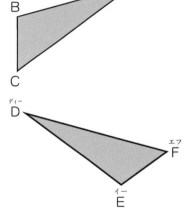

2 右の合同な2つの四角形について，次の問題に答えましょう。　〔1問　15点〕

① 頂点Aに対応する
頂点はどれですか。　　　頂点（　　　）

② 頂点Bに対応する
頂点はどれですか。　　　頂点（　　　）

③ 辺DCに対応する
辺はどれですか。　　　辺（　　　）

④ 角Dに対応する角
はどれですか。　　　角（　　　）

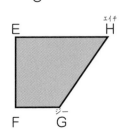

答え➡別冊9ページ

🖐️ おぼえよう

合同な図形の対応する辺の長さは
等しくなっています。

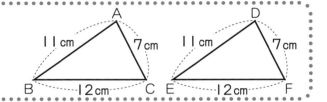

 右の合同な2つの三角形について，次の問題に答えましょう。　〔1問　5点〕

① 辺ＡＢに対応する
辺はどれですか。　　　辺（　　　　　）

② 辺ＥＤの長さは何
cmですか。　　　　　　（　　　　　）

③ 辺ＥＦの長さは何
cmですか。　　　　　　（　　　　　）

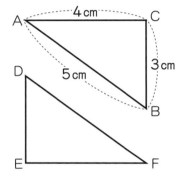

2 右の合同な2つの四角形について，次の問題に答えましょう。　〔1問　7点〕

① 辺ＢＣに対応する
辺はどれですか。　　　辺（　　　　　）

② 辺ＧＦの長さは何
cmですか。　　　　　　（　　　　　）

③ 辺ＣＤに対応する
辺はどれですか。　　　辺（　　　　　）

④ 辺ＥＦの長さは何
cmですか。　　　　　　（　　　　　）

⑤ 辺ＥＨの長さは何
cmですか。　　　　　　（　　　　　）

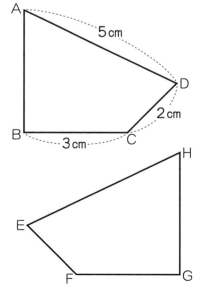

合同な図形の対応する角の大きさは
等しくなっています。

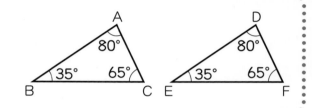

3 右の合同な2つの三角形について，次の問題に答えましょう。　〔1問　5点〕

① 角Aに対応する角
はどれですか。　　　角（　　　　　）

② 角Dの大きさは何
度ですか。　　　　　（　　　　　）

③ 角Fの大きさは何
度ですか。　　　　　（　　　　　）

4 右の合同な2つの四角形について，次の問題に答えましょう。　〔1問　7点〕

① 角Aに対応する角
はどれですか。　　　角（　　　　　）

② 角Hの大きさは何
度ですか。　　　　　（　　　　　）

③ 角Cに対応する角
はどれですか。　　　角（　　　　　）

④ 角Fの大きさは何
度ですか。　　　　　（　　　　　）

⑤ 角Eの大きさは何
度ですか。　　　　　（　　　　　）

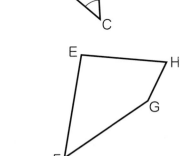

平行四辺形と対角線

おぼえよう

右の図のように，平行四辺形を１本の対角線で分けると，合同な三角形が２つできます。

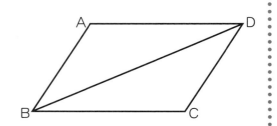

1 右の図のように，平行四辺形ＡＢＣＤを１本の対角線で分けます。このときにできる図形をくらべます。 〔1問 8点〕

① 三角形がいくつできますか。

( )

② 辺ＡＢと長さが等しい辺はどれですか。

( )

③ 辺ＢＣと長さが等しい辺はどれですか。

( )

☆④ 辺ＣＡと長さが等しい辺はどれですか。

( )

⑤ 三角形ＡＢＣと三角形ＣＤＡは合同だといえますか。

( )

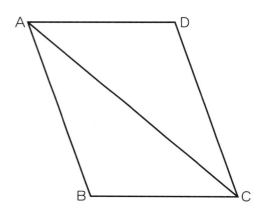

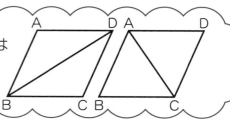

対角線のひき方は２通りあるよ。

平行四辺形を2本の対角線で
分けると，合同な2つの三角形
の組が2組できます。

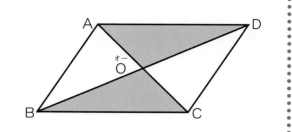

2 　平行四辺形を対角線で分けます。次の問題に答えましょう。　〔1問　10点〕

① 　右の図1のように，平行四辺
形ABCDを1本の対角線で分
けるとき，三角形がいくつでき
ますか。

　　　　（　　　　　　　　　）

② 　三角形ABCと合同な三角形
はどれですか。

　　　　（　　　　　　　　　）

[図1]

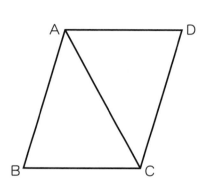

③ 　右の図2のように，平行四辺
形ABCDを2本の対角線で分
けます。このとき，2本の対角
線でできる三角形はいくつです
か。

　　　　（　　　　　　　）

④ 　三角形ABOと合同な三角形
はどれですか。

　　　　（　　　　　　　　　）

[図2]

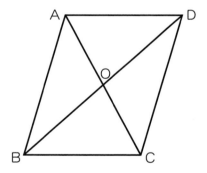

⑤ 　三角形BCOと合同な三角形はどれですか。

　　　　　　　　　　　　（　　　　　　　　　　　）

⑥ 　三角形ABOと三角形BCOは合同だといえますか。

　　　　　　　　　　　　（　　　　　　　　　　　）

37 ひし形と対角線

おぼえよう

右の図のように，ひし形を1本の対角線で分けると，合同な三角形が2つできます。

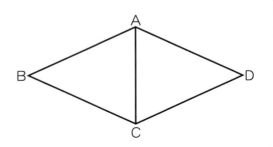

1 右の図のように，ひし形ＡＢＣＤを1本の対角線で分けます。このときにできる図形をくらべます。 〔1問 8点〕

① 三角形がいくつできますか。

（　　　　　　　　）

② 辺ＡＢと長さが等しい辺を3つ答えましょう。

（　　　　，　　　　，　　　　）

③ 辺ＢＣと長さが等しい辺を3つ答えましょう。

（　　　　，　　　　，　　　　）

④ 三角形ＡＢＤと三角形ＣＤＢは合同だといえますか。

（　　　　　　　　）

⑤ できた2つの三角形の名前を書きましょう。

（　　　　　　　　）

ひし形は，4つの辺の長さが，どれも等しいね。

　ひし形を２本の対角線で分けると，合同な三角形が４つできます。

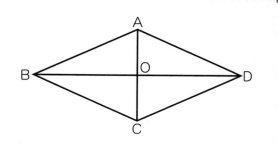

2　ひし形を対角線で分けます。次の問題に答えましょう。

〔①〜③は1問　10点。④は1つ　10点〕

① 　右の図１のように，ひし形ＡＢＣＤを１本の対角線で分けるとき，三角形がいくつできますか。

（　　　　　　）

② 　三角形ＡＢＣと合同な三角形はどれですか。

（　　　　　　）

[図１]

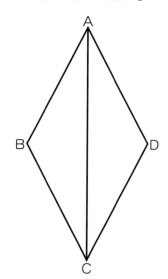

③ 　右の図２のように，ひし形ＡＢＣＤを２本の対角線で分けます。このとき，２本の対角線でできる三角形はいくつですか。

（　　　　　　）

④ 　三角形ＡＢＯと合同な三角形はどれですか。すべて書きましょう。（３つあります。）

（　　　　　　）

（　　　　　　）

（　　　　　　）

[図２]

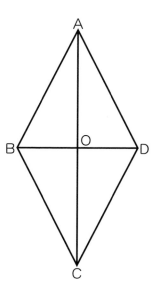

合同な図形⑥

38 長方形と対角線

答え➡別冊10ページ

・◯おぼえよう・

　長方形を２本の対角線で分け
ると，合同な２つの三角形の組
が２組できます。

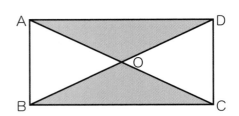

1 　長方形を対角線で分けます。次の問題に答えましょう。　〔1問　20点〕

①　右の図１のように，長方形
　ＡＢＣＤを１本の対角線で分け
　るとき，三角形ＡＢＣと合同な
　三角形はどれですか。

［図１］

（　　　　　　　　　　）

②　右の図２のように，長方形
　ＡＢＣＤを２本の対角線で分け
　ます。このとき，２本の対角線
　でできる三角形はいくつですか。

［図２］

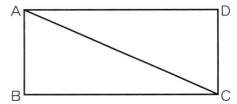

（　　　　　　　　　　）

③　三角形ＡＢＯと合同な三角形
　はどれですか。

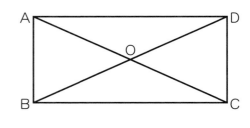

（　　　　　　　　　　）

④　三角形ＢＣＯと合同な三角形はどれですか。

（　　　　　　　　　　）

⑤　三角形ＡＢＯと三角形ＢＣＯは合同だといえますか。

（　　　　　　　　　　）

合同な図形⑦
正方形と対角線

☞おぼえよう

正方形を2本の対角線で分けると，合同な三角形が4つできます。

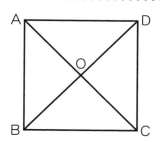

1 正方形を対角線で分けます。次の問題に答えましょう。 〔1問 25点〕

① 右の図1のように，正方形 ＡＢＣＤを1本の対角線で分けるとき，三角形がいくつできますか。

[図1]

( )

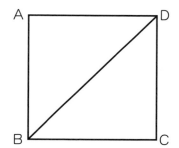

② 三角形ＡＢＤと合同な三角形はどれですか。

( )

③ 右の図2のように，正方形 ＡＢＣＤを2本の対角線で分けます。このとき，2本の対角線でできる三角形はいくつですか。

[図2]

( )

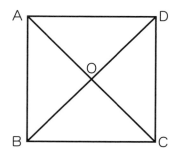

④ 三角形ＡＢＯと合同な三角形はどれですか。3つ書きましょう。

( )

( ) ( )

合同な三角形をかく①

─おぼえよう─

【合同な三角形のかき方①】

　3つの辺の長さを使って，右の三角形ＡＢＣと合同な三角形をかいてみましょう。

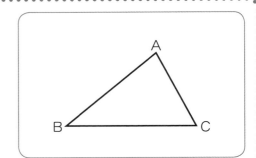

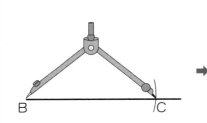

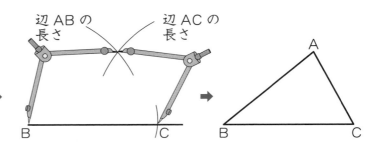

コンパスで辺ＢＣの長さをうつしとる。

辺ＡＢの長さが半径の円と，辺ＡＣの長さが半径の円をかく。交わったところが頂点Ａ。

コンパスを使って，右の三角形と合同な三角形を□にかきましょう。　〔25点〕

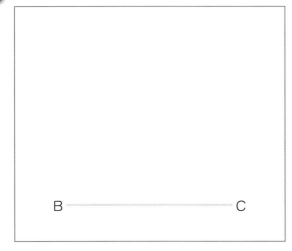

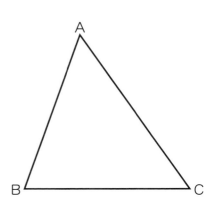

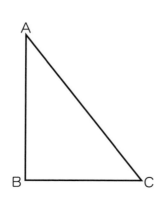

2 3つの辺の長さを使って，次の三角形と合同な三角形を□にかきましょう。

〔1問　25点〕

①

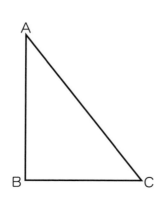

②

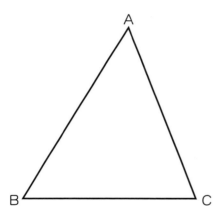

③

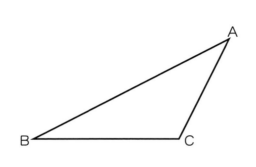

41 合同な三角形をかく②

● おぼえよう ●

【合同な三角形のかき方②】

2つの辺の長さとその間の角の大きさを使って，右の三角形ＡＢＣと合同な三角形をかいてみましょう。

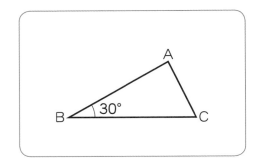

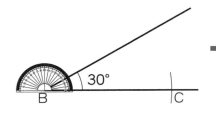

コンパスで辺ＢＣの長さをうつしとり，分度器で角Ｂと等しい大きさの角をつくる。

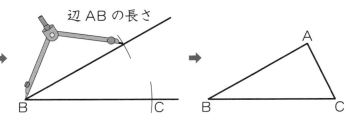

辺ＡＢの長さ

コンパスで辺ＡＢの長さをうつしとり，頂点Ａを決める。

1 コンパスと分度器を使って，右の三角形と合同な三角形を□にかきましょう。

〔25点〕

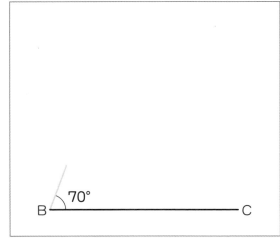

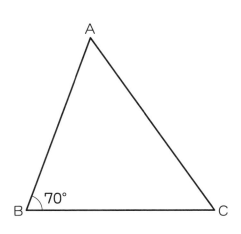

2 2つの辺の長さとその間の角の大きさを使って，次の三角形と合同な三角形を□にかきましょう。

〔1問 25点〕

①

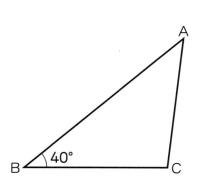

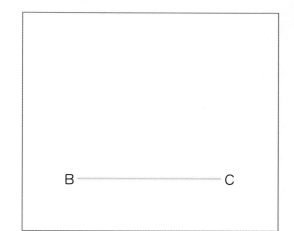

②

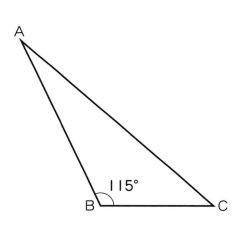

③

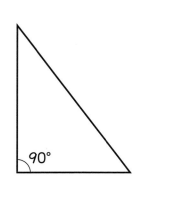

・おぼえよう・

【合同な三角形のかき方③】

　1つの辺の長さとその両はしの2つの角の大きさを使って，右の三角形ABCと合同な三角形をかいてみましょう。

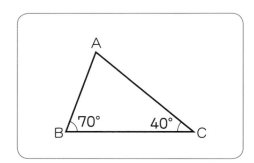

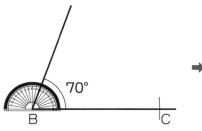　➡　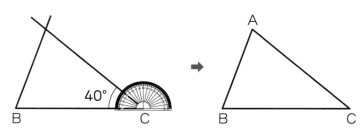

コンパスで辺BCの長さをうつしとり，分度器で角Bと等しい大きさの角をつくる。

分度器で角Cと等しい大きさの角をつくり，頂点Aを決める。

1

コンパスと分度器を使って，右の三角形と合同な三角形を□にかきましょう。

〔25点〕

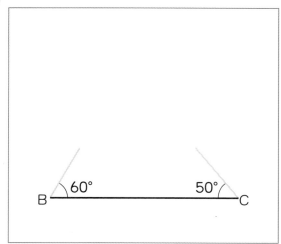

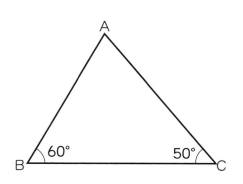

2 1つの辺の長さとその両はしの2つの角の大きさを使って，次の三角形と合同な三角形を□にかきましょう。　　　　　　　　　　〔1問　25点〕

①

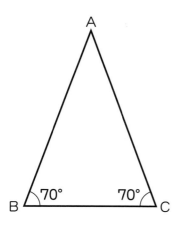

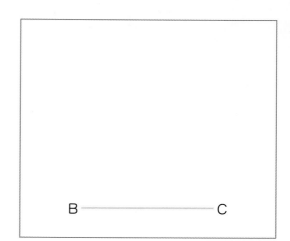

②

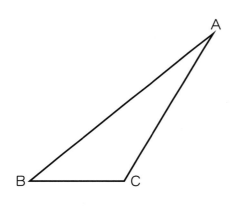

③

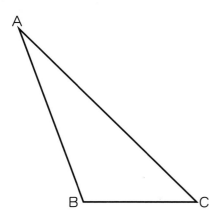

おぼえよう

【合同な四角形のかき方①】

まず三角形ＡＢＣを考え，それから辺ＡＤの長さと，辺ＣＤの長さを利用して頂点Ｄの位置を決め，右の四角形ＡＢＣＤと合同な四角形をかいてみましょう。

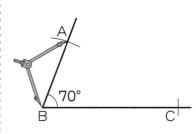

70ページと同じやり方で，頂点Ｂ，頂点Ｃ，頂点Ａの位置を決める。

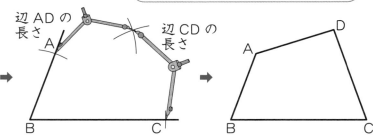

68ページと同じやり方で，辺ＡＤの長さの半径の円と，辺ＣＤの長さの半径の円をかく。交わったところが頂点Ｄ。

 まず三角形ＡＢＣを考え，右の四角形と合同な四角形を□にかきましょう。

〔25点〕

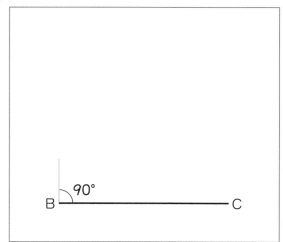

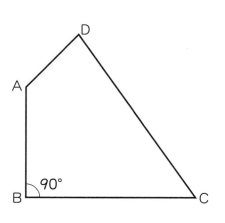

2 次の四角形と合同な四角形を□にかきましょう。 〔1問 25点〕

①

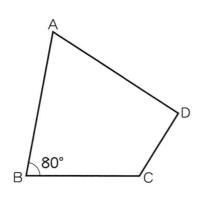

②

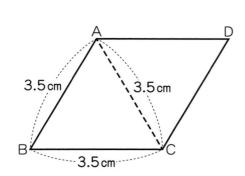

③

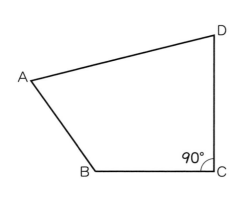

44 合同な四角形をかく②

おぼえよう

【合同な四角形のかき方②】

まず三角形ＡＢＣを考え，それから，角Ａの大きさと，角Ｃの大きさを利用して頂点Ｄの位置を決め，右の四角形ＡＢＣＤと合同な四角形をかいてみましょう。

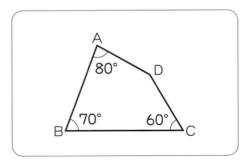

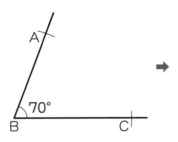 ➡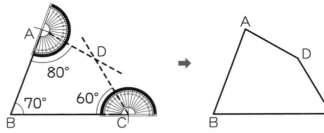

70ページと同じやり方で，頂点Ｂ，頂点Ｃ，頂点Ａの位置を決める。

72ページと同じやり方で，角Ａの大きさと角Ｃの大きさから頂点Ｄの位置を決める。

1 まず三角形ＡＢＣを考え，右の四角形と合同な四角形を□にかきましょう。

〔25点〕

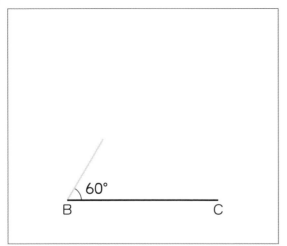

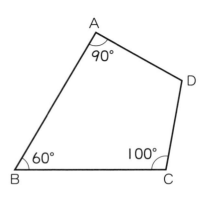

2 次の四角形と合同な四角形を□にかきましょう。　　　〔1問　25点〕

①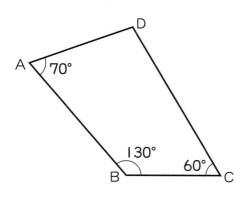

②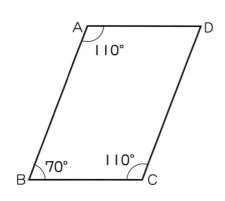

③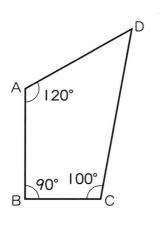

45 合同な四角形をかく③

・・おぼえよう・・

【合同な四角形のかき方③】

　辺の長さと角の大きさを使って頂点A，頂点Dの位置を決め，右の四角形ABCDと合同な四角形をかいてみましょう。

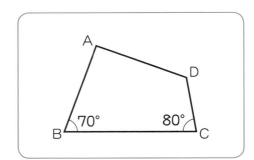

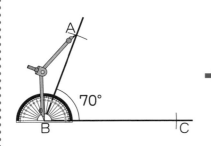

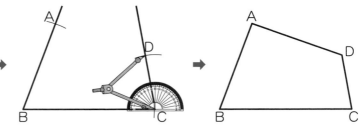

70ページと同じやり方で，頂点B，頂点C，頂点Aの位置を決める。

同じやり方で，頂点Dの位置を決める。

1 　辺の長さと角の大きさを使って頂点A，頂点Dの位置を決め，右の四角形と合同な四角形を□にかきましょう。　〔25点〕

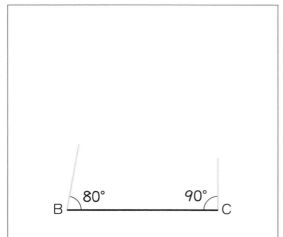

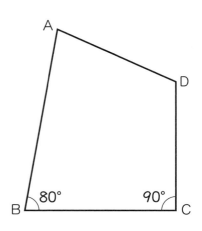

2 次の四角形と合同な四角形を□にかきましょう。　〔1問　25点〕

①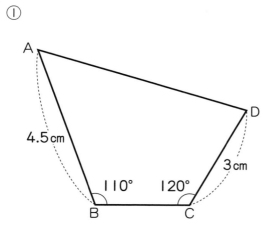

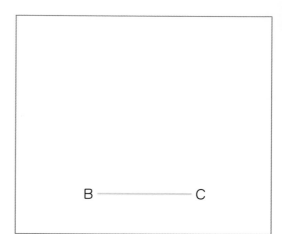

②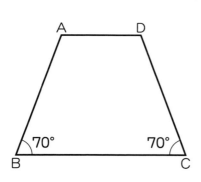

③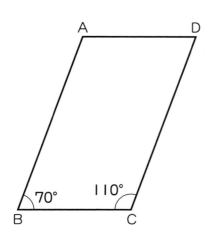

1 右の合同な2つの三角形について，次の問題に答えましょう。 〔1問　5点〕

① 頂点Aに対応する
頂点はどれですか。　頂点 (　　　)

② 頂点Cに対応する
頂点はどれですか。　頂点 (　　　)

③ 辺ABに対応する
辺はどれですか。　辺 (　　　)

④ 角Bに対応する角
はどれですか。　角 (　　　)

2 右の合同な2つの四角形について，次の問題に答えましょう。 〔1問　5点〕

① 頂点Bに対応する
頂点はどれですか。　頂点 (　　　)

② 辺DCに対応する
辺はどれですか。　辺 (　　　)

③ 角Cに対応する角
はどれですか。　角 (　　　)

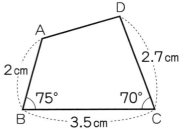

④ 辺FGの長さは何
cmですか。　(　　　)

⑤ 辺GHの長さは何
cmですか。　(　　　)

⑥ 角Gの大きさは何
度ですか。　(　　　)

3 右の図のように，平行四辺形を1本の対角線で分けると，合同な三角形が2つできます。その三角形はどれとどれですか。 〔1つ 5点〕

(　　　　　　　　)

と

(　　　　　　　　)

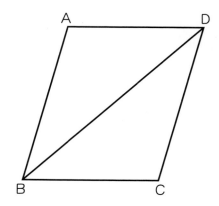

4 次の図形と合同な図形を□にかきましょう。 〔1問 20点〕

①

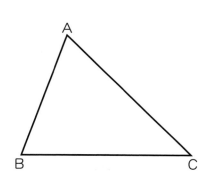

②

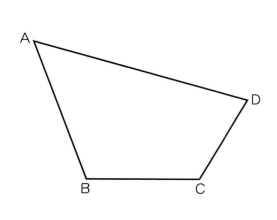

平行四辺形の面積＝底辺×高さ

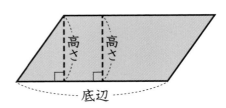

1 次の平行四辺形の面積を求めましょう。 〔1問 10点〕

①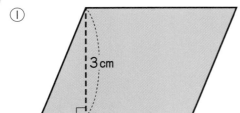

3cm

4cm

式 4×3＝

答え （　　　　　cm²）

②

2cm

4cm

式

答え （　　　　　）

③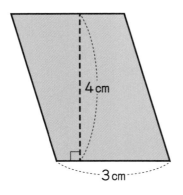

4cm

3cm

式

答え （　　　　　）

④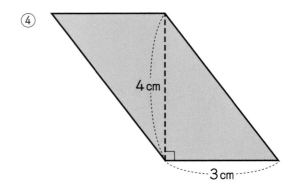

4cm

3cm

式

答え （　　　　　）

次の平行四辺形の面積を求めましょう。　　　　　　　　　〔1問　10点〕

①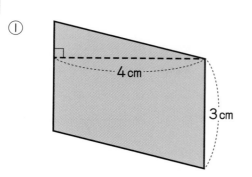

式　3×4＝

答え（　　　　　　　　）

②

式

答え（　　　　　　　　）

③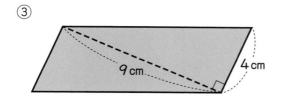

式

答え（　　　　　　　　）

④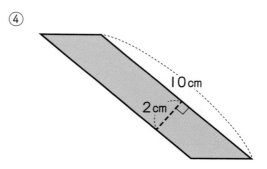

式

答え（　　　　　　　　）

⑤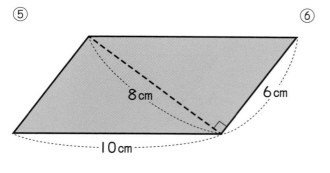

式

答え（　　　　　　　　）

⑥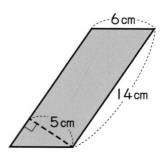

式

答え（　　　　　　　　）

ポイント

高さが平行四辺形の外にかいてある場合でも，平行四辺形の面積は，底辺×高さで求めることができます。

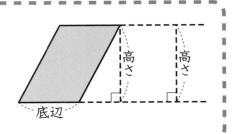

1 次の平行四辺形の面積を求めましょう。 〔1問 10点〕

①

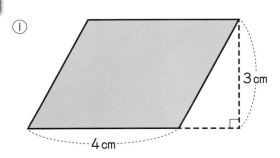

式

答え （ 　　　　　 ）

②

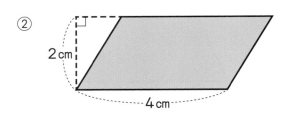

式

答え （ 　　　　　 ）

③

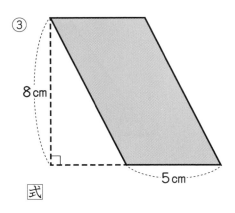

式

答え （ 　　　　　 ）

④

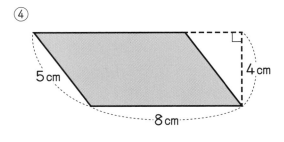

式

答え （ 　　　　　 ）

2 次の平行四辺形の面積を求めましょう。　　　　　　〔1問　10点〕

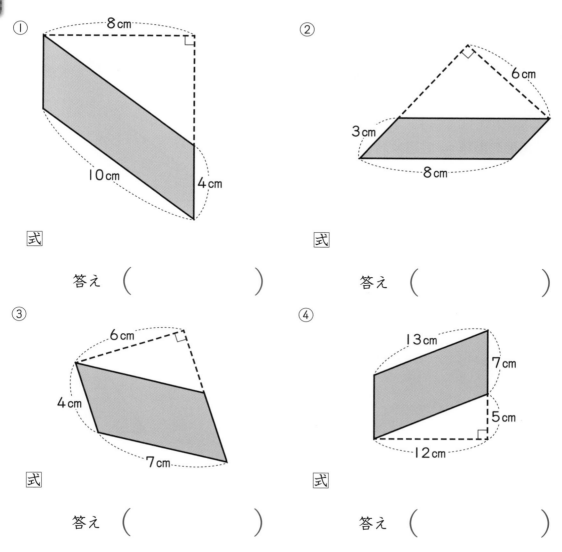

① 8cm 10cm 4cm

式

答え（　　　　　　　）

② 6cm 3cm 8cm

式

答え（　　　　　　　）

③ 6cm 4cm 7cm

式

答え（　　　　　　　）

④ 13cm 7cm 5cm 12cm

式

答え（　　　　　　　）

3 次の⑦，①の平行四辺形の面積を求めましょう。　　　　〔1つ　10点〕

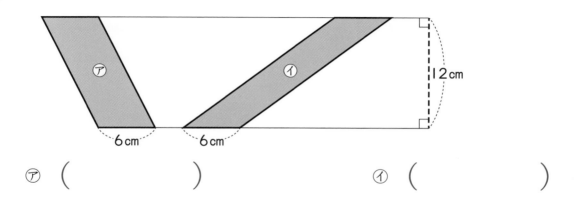

⑦　6cm　①　6cm　12cm

⑦（　　　　　　　）　　　　　　①（　　　　　　　）

三角形の面積 = 底辺×高さ÷2

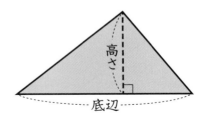

1 次の三角形の面積を求めましょう。 〔1問 10点〕

①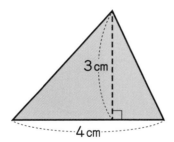

式 4×3÷2＝

答え （　　　　 cm² ）

②

式

答え （　　　　　　　）

③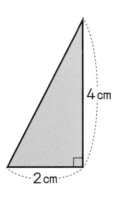

式

答え （　　　　　　　）

④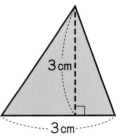

式

答え （　　　　　　　）

次の三角形の面積を求めましょう。

〔1問 10点〕

①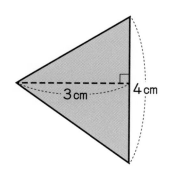

3 cm 4 cm

式

答え （ ）

②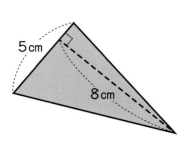

5 cm 8 cm

式

答え （ ）

③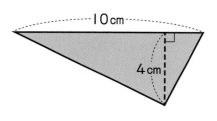

10 cm 4 cm

式

答え （ ）

④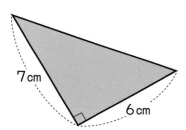

7 cm 6 cm

式

答え （ ）

⑤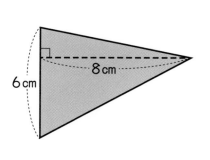

6 cm 8 cm

式

答え （ ）

⑥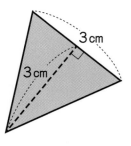

3 cm 3 cm

式

答え （ ）

50 三角形の面積②

ポイント

高さが三角形の外にかいてある場合でも，三角形の面積は，底辺×高さ÷2で求めることができます。

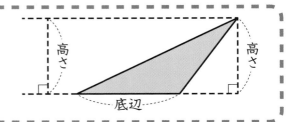

1 次の三角形の面積を求めましょう。

〔1問 10点〕

①

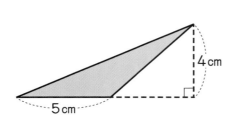

式

答え （　　　　　　）

②

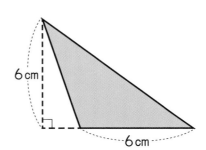

式

答え （　　　　　　）

③

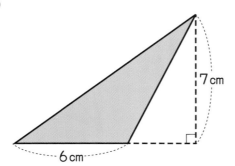

式

答え （　　　　　　）

④

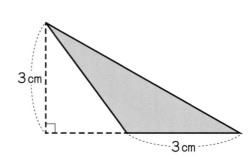

式

答え （　　　　　　）

2 次の三角形の面積を求めましょう。 〔1問 10点〕

① 8cm ···· 4cm

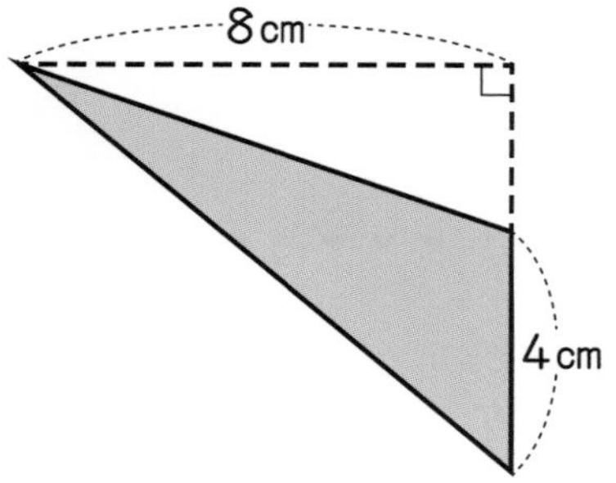

式

答え （　　　　　）

② 6cm ···· 5cm

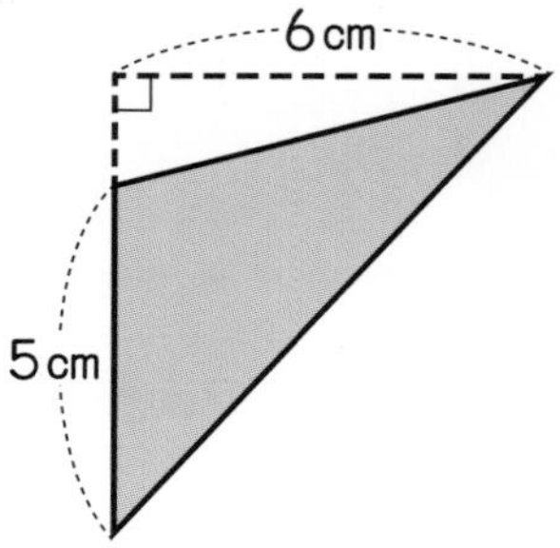

式

答え （　　　　　）

③ 9cm 6cm

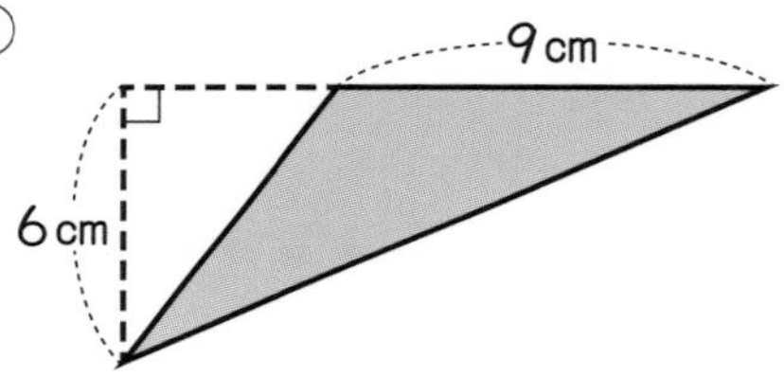

式

答え （　　　　　）

④ 5cm 7cm

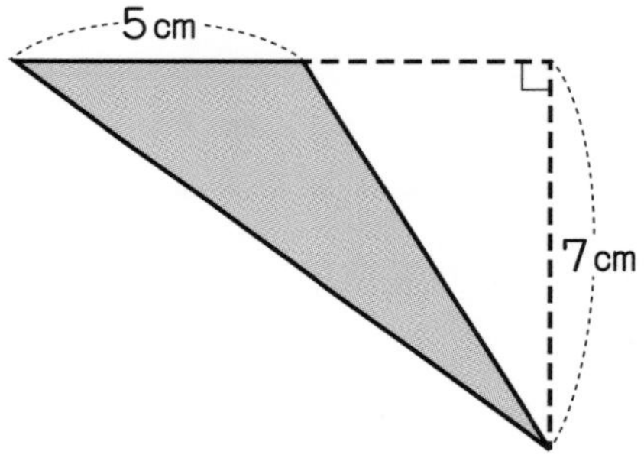

式

答え （　　　　　）

⑤ 6cm 5cm

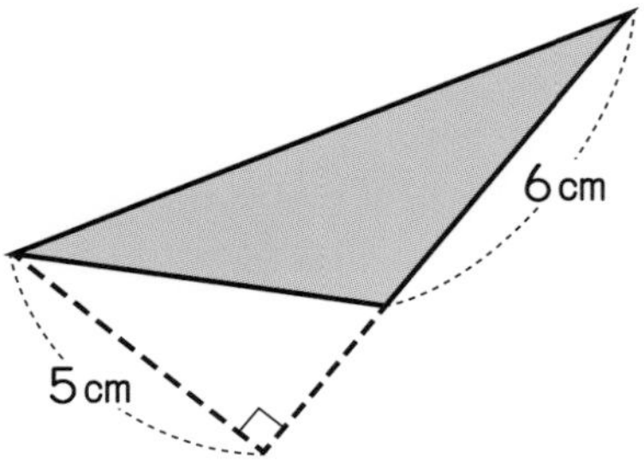

式

答え （　　　　　）

⑥ 8cm 5cm

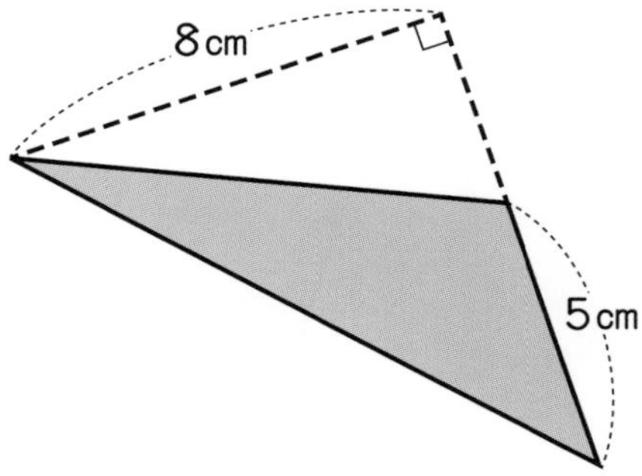

式

答え （　　　　　）

51 三角形の面積③

ポイント

下の三角形ＡＢＣの面積は，

式　6×8÷2＝24

<u>24cm²</u>

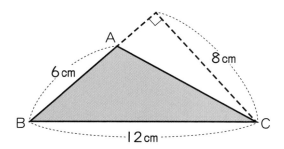

12cmの辺は
底辺でも
高さでも
ないよ。

1 次の三角形の面積を求めましょう。　　　〔1問　10点〕

①

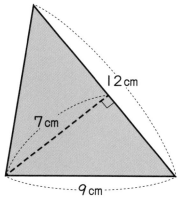

式

答え（　　　　　　　）

②

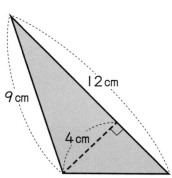

式

答え（　　　　　　　）

2 次の三角形の面積を求めましょう。 〔1問 20点〕

①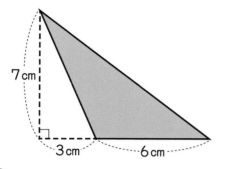

式

答え （　　　　　　）

②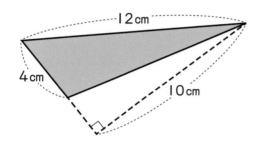

式

答え （　　　　　　）

③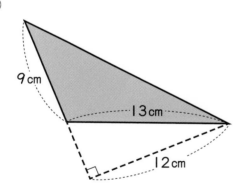

式

答え （　　　　　　）

④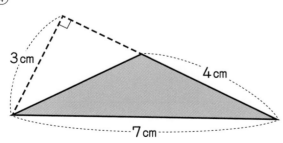

式

答え （　　　　　　）

答え➡別冊12ページ

・おぼえよう

どんな形の三角形でも，底辺の長さが等しく，高さも等しければ，面積は等しくなります。

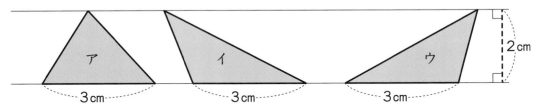

ア，イ，ウの面積は，どれも3cm²です。

下の図の中で，㋐の三角形と面積が等しい三角形はどれですか。あてはまるものをすべて選んで，㋑～㋘の記号で答えましょう。〔20点〕

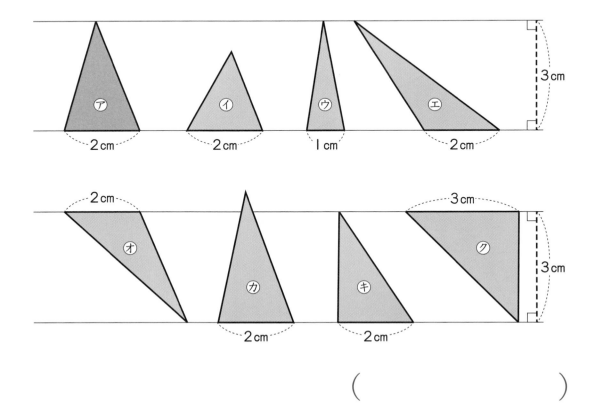

(　　　　　)

2 下の図の三角形の面積は，どちらも18cm²です。それぞれの底辺の長さを求めましょう。 〔1問 20点〕

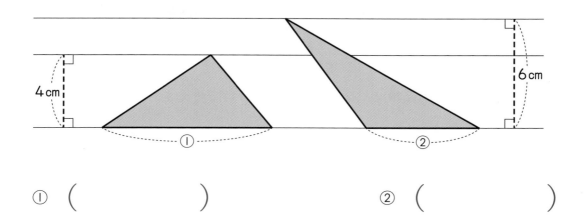

① （　　　　　　　） 　　　　② （　　　　　　　）

3 次の問題に答えましょう。 〔1問 20点〕

① 下の図の中で，面積が，⑦の三角形の2倍のものはどれですか。あてはまるものを選んで，⑦〜⑦の記号で答えましょう。

（　　　　　　　）

② 下の図の中で，面積が，⑦の三角形の3倍のものはどれですか。あてはまるものを選んで，⑦〜⑦の記号で答えましょう。

（　　　　　　　）

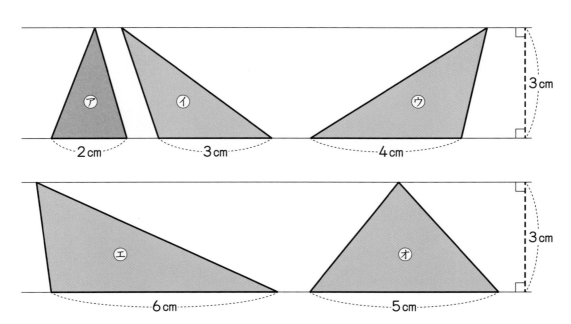

おぼえよう

下のような四角形の面積は，2つの三角形に分けて考えましょう。

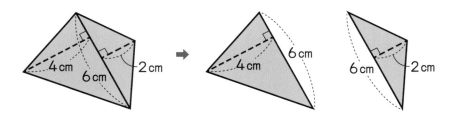

1 次の四角形の面積を求めましょう。　　　　　　　　〔1問　10点〕

①

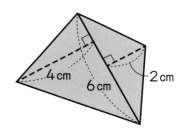

式

$$6×4÷2+6×2÷2$$

$$=$$

答え（　　　　　　　）

②

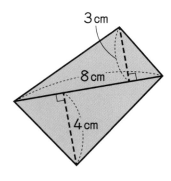

式

答え（　　　　　　　）

2 次の四角形の面積を求めましょう。 〔1問 20点〕

①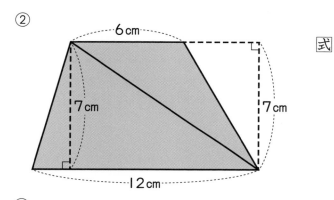

式

答え （　　　　　　　）

②

式

答え （　　　　　　　）

③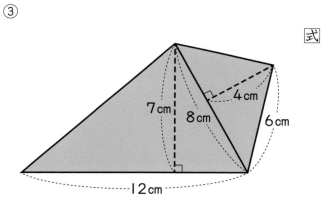

式

答え （　　　　　　　）

④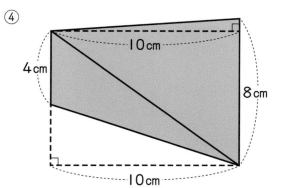

式

答え （　　　　　　　）

54 面積を求めるくふう②

◆ポイント

合同な台形を2つ合わせると，平行四辺形になります。

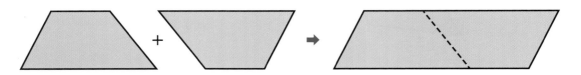

このことを利用して，台形の面積を求めることができます。

右の図は，台形ABCDに，台形ABCDと合同な台形を合わせたものです。次の問題に答えましょう。

〔1問　5点〕

① 四角形ABEFは，どのような四角形ですか。

（　　　　　　　　　　）

② 四角形ABEFの面積を求めましょう。

式

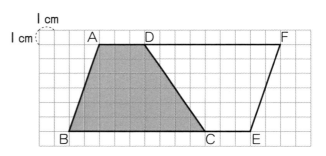

答え（　　　　　　　）

③ 台形ABCDの面積は，四角形ABEFの面積の何分のいくつになりますか。

（　　　　　　）

④ ③の考え方で式を書いて，台形ABCDの面積を求めましょう。

式　12×6÷2＝

答え（　　　　　　　）

次の台形の面積を求めましょう。　　　　　〔1問　20点〕

①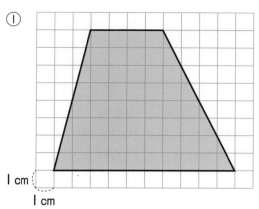

1 cm
1 cm

式

答え（　　　　　　　）

②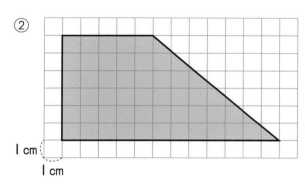

1 cm
1 cm

式

答え（　　　　　　　）

③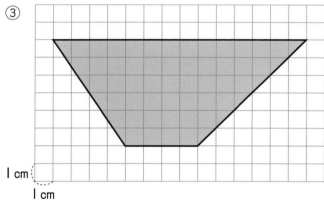

1 cm
1 cm

式

答え（　　　　　　　）

④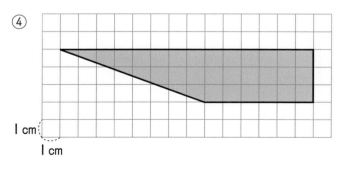

1 cm
1 cm

式

答え（　　　　　　　）

55 面積を求めるくふう③

ポイント

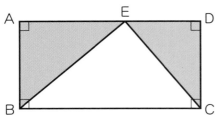

□の部分の面積は,
四角形ＡＢＣＤの面積から
三角形ＢＣＥの面積をひけば
求めることができます。

1 次の図の □ の部分の面積を求めましょう。　　　〔1問　15点〕

①

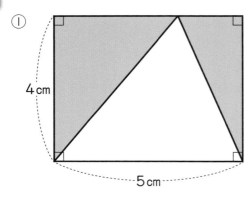

式　$4×5-5×4÷2$

$=$

答え （　　　　　）

② （四角形ＡＢＣＤは平行四辺形）

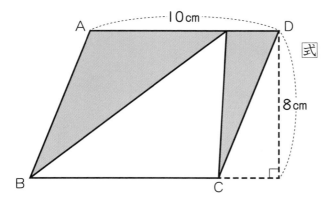

式

答え （　　　　　）

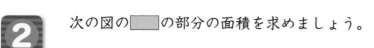

2 次の図の▨▨▨の部分の面積を求めましょう。　　　〔1問　15点〕

①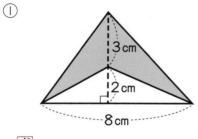

3cm
2cm
8cm

式

答え（　　　　　　　　）

②

3cm
5cm
10cm

式

答え（　　　　　　　　）

3 次の図の▨▨▨の部分の面積を求めましょう。　　　〔1問　20点〕

①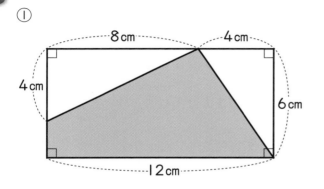

8cm　4cm
4cm
6cm
12cm

式

答え（　　　　　　　　）

②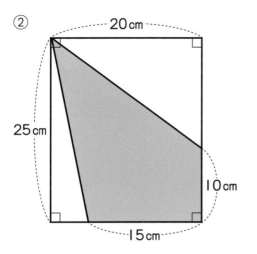

20cm
25cm
10cm
15cm

式

答え（　　　　　　　　）

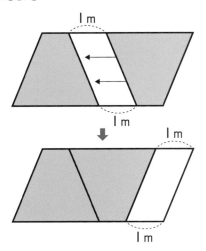

左の平行四辺形の □ の部分の
面積は,

□ の部分をかたほうのはしによ
せ，1つの平行四辺形と考えて求
めることができます。

1 次の平行四辺形の □ の部分の面積を求めましょう。　〔1問　25点〕

①

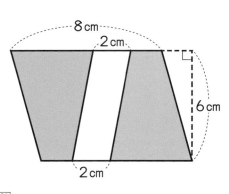

式

$(8-2) \times 6 =$

答え（　　　　　）

②

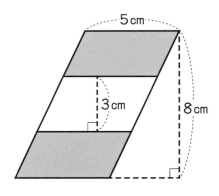

式

答え（　　　　　）

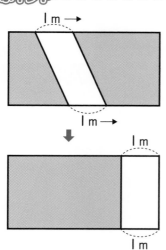

左の長方形の▨の部分の面積は，
▢の部分をかたほうのはしによせ，
１つの長方形と考えて求めることが
できます。

2 次の平行四辺形(①)や長方形(②)の▨の部分の面積を求めましょう。

〔1問　25点〕

①

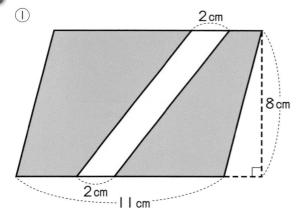

式　(11－2)×8

＝

答え（　　　　　　　）

②

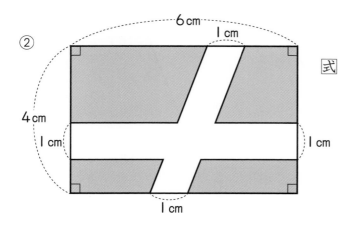

式

答え（　　　　　　　）

・**おぼえよう**・

台形の面積 = (上底+下底)×高さ÷2

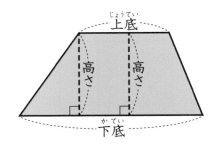

1 次の台形の面積を求めましょう。

〔1問　10点〕

①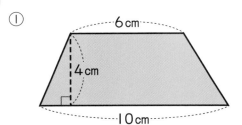

式　(6+10)×4÷2＝

答え （　　　　　　　）

②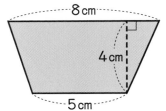

式

答え （　　　　　　　）

③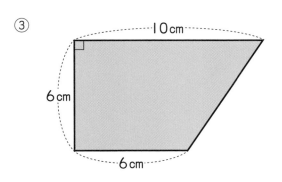

式

答え （　　　　　　　）

④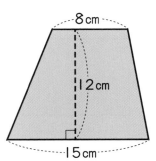

式

答え （　　　　　　　）

次の台形の面積を求めましょう。　　　　　　　〔1問　10点〕

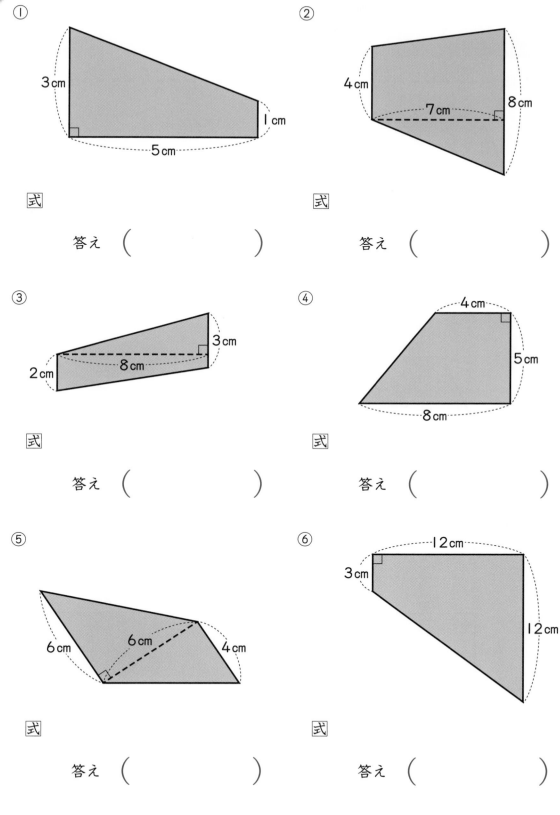

① 3cm　5cm　1cm

式

答え（　　　　　　　）

② 4cm　7cm　8cm

式

答え（　　　　　　　）

③ 2cm　8cm　3cm

式

答え（　　　　　　　）

④ 4cm　5cm　8cm

式

答え（　　　　　　　）

⑤ 6cm　6cm　4cm

式

答え（　　　　　　　）

⑥ 12cm　3cm　12cm

式

答え（　　　　　　　）

答え➡別冊14ページ

◆ポイント

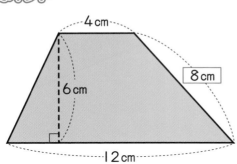

左の台形で,
上底は4cm, 下底は12cm,
高さは6cmです。
8cm の辺は, 上底でも下底でも
高さでもありません。

1 次の台形の面積を求めましょう。　〔1問　10点〕

①
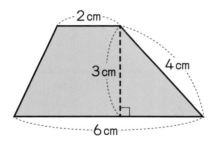

式

答え（　　　　　　　　）

②
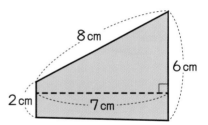

式

答え（　　　　　　　　）

③
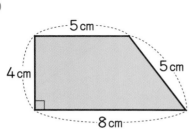

式

答え（　　　　　　　　）

④
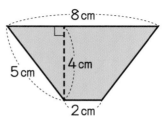

式

答え（　　　　　　　　）

次の台形の面積を求めましょう。　　　　　　　　　〔1問　10点〕

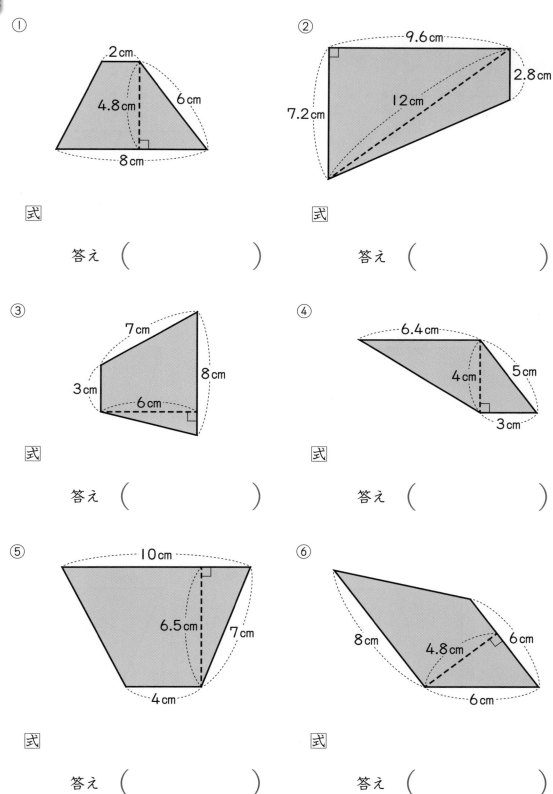

① 2cm 4.8cm 6cm 8cm

式

答え（　　　　　　　）

② 9.6cm 2.8cm 12cm 7.2cm

式

答え（　　　　　　　）

③ 7cm 8cm 3cm 6cm

式

答え（　　　　　　　）

④ 6.4cm 4cm 5cm 3cm

式

答え（　　　　　　　）

⑤ 10cm 6.5cm 7cm 4cm

式

答え（　　　　　　　）

⑥ 8cm 4.8cm 6cm 6cm

式

答え（　　　　　　　）

59 台形の面積③

答え➡別冊14ページ

ポイント

　高さが台形の外にかいてある場合でも，
台形の面積は，（上底＋下底）×高さ÷2で
求めることができます。

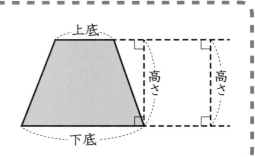

1 次の台形の面積を求めましょう。　　　　〔1問　10点〕

①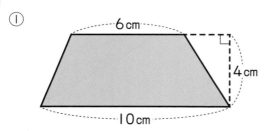

式

答え（　　　　　　　）

②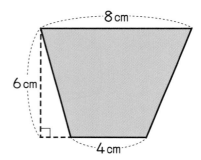

式

答え（　　　　　　　）

③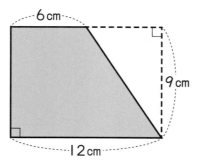

式

答え（　　　　　　　）

④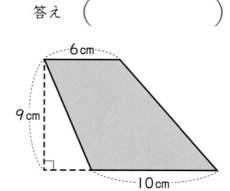

式

答え（　　　　　　　）

2 次の台形の面積を求めましょう。　　　　　　　　　　〔1問　10点〕

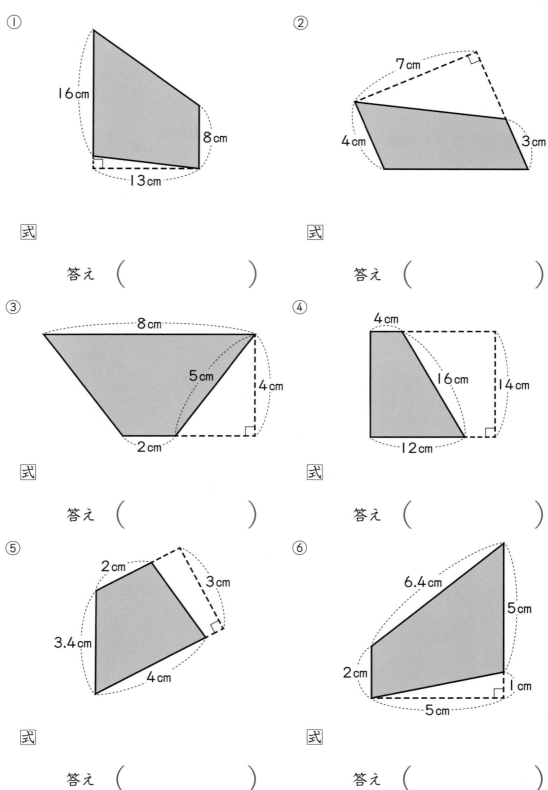

① 16cm　8cm　13cm

式

答え（　　　　　　　　　）

② 7cm　4cm　3cm

式

答え（　　　　　　　　　）

③ 8cm　5cm　4cm　2cm

式

答え（　　　　　　　　　）

④ 4cm　16cm　14cm　12cm

式

答え（　　　　　　　　　）

⑤ 2cm　3cm　3.4cm　4cm

式

答え（　　　　　　　　　）

⑥ 6.4cm　5cm　2cm　1cm　5cm

式

答え（　　　　　　　　　）

60 ひし形の面積

答え➡別冊14ページ

・おぼえよう・・・・・・・・・・・・・・・・・・・・・・・・・・・・・・・・・・・・・・・

ひし形の面積＝対角線×対角線÷２

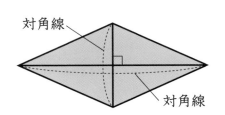

1 次のひし形の面積を求めましょう。　　　　　　　〔1問　10点〕

①

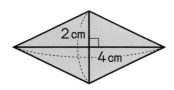

式　2×4÷2＝

答え（　　　　　　　）

②

式

答え（　　　　　　　）

③

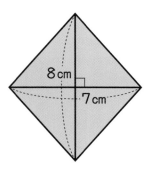

式

答え（　　　　　　　）

④

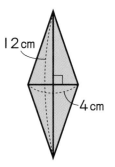

式

答え（　　　　　　　）

次のひし形の面積を求めましょう。 〔1問 10点〕

①

8cm
8cm

式

答え （　　　　　　）

②

10cm　10cm

式

答え （　　　　　　）

③

2cm
4cm

式

答え （　　　　　　）

④

6cm
5cm

式

答え （　　　　　　）

⑤

6cm
12cm

式

答え （　　　　　　）

⑥

2cm
5cm

式

答え （　　　　　　）

おぼえよう

　右の四角形のように，対角線が垂直に交わる四角形の面積は，対角線×対角線÷2　で求めることができます。

対角線

対角線

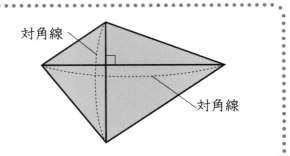

1 次の図形の面積を求めましょう。　　　　　　　　〔1問　10点〕

①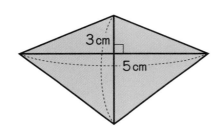

式 3×5÷2＝

答え （　　　　　　　）

②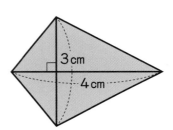

式

答え （　　　　　　　）

③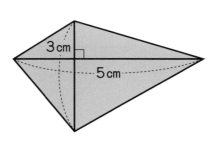

式

答え （　　　　　　　）

④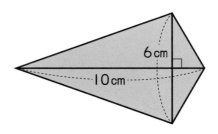

式

答え （　　　　　　　）

2 次の図形の面積を求めましょう。　　　　　　　　〔1問　10点〕

①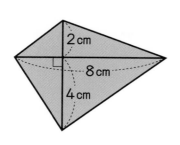

②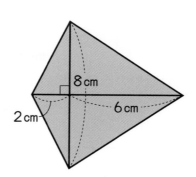

式　（2＋4）×8÷2＝

答え　（　　　　　　　　）

式

答え　（　　　　　　　　）

③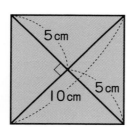

④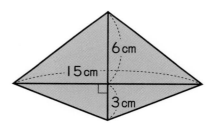

式

答え　（　　　　　　　　）

式

答え　（　　　　　　　　）

⑤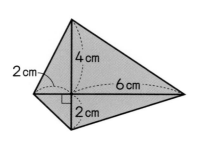

⑥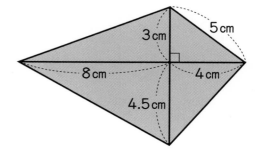

式

答え　（　　　　　　　　）

式

答え　（　　　　　　　　）

次の図形の面積を求めましょう。　　　　　　　　　　〔1問　5点〕

① （平行四辺形）

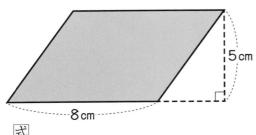

式

答え（　　　　　　　　）

②

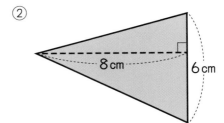

式

答え（　　　　　　　　）

③

式

答え（　　　　　　　　）

④ （台形）

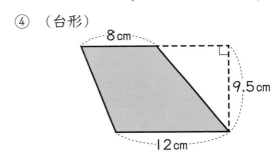

式

答え（　　　　　　　　）

⑤

式

答え（　　　　　　　　）

⑥

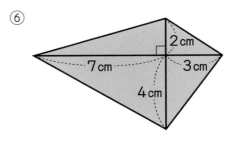

式

答え（　　　　　　　　）

2 下の図の中で，㋐の三角形と面積が等しい三角形はどれですか。あてはまるものをすべて選んで，㋑〜㋚の記号で答えましょう。〔30点〕

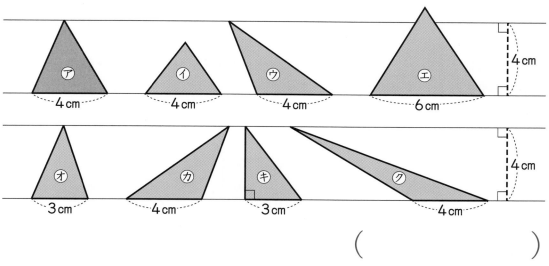

（　　　　　　　　　　）

3 次の図の▨の部分の面積を求めましょう。〔1問　10点〕

① （平行四辺形）

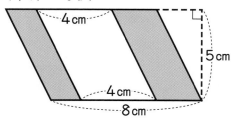

式

答え　（　　　　　　　　　　）

② （長方形）

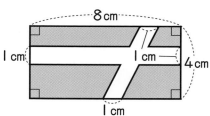

式

答え　（　　　　　　　　　　）

③

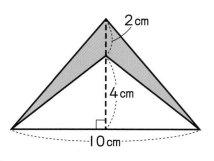

式

答え　（　　　　　　　　　　）

④ （長方形）

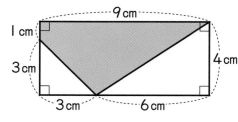

式

答え　（　　　　　　　　　　）

おぼえよう

直線で囲まれた形を**多角形**といいます。

どの辺の長さも等しく，どの角の大きさも等しい多角形を**正多角形**といいます。

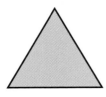  

正三角形　　　　　　正方形　　　　　　正六角形
　　　　　　　　　（正四角形）

 下の図は，すべて正多角形です。（　　　）に名前を書きましょう。　〔1問　8点〕

① 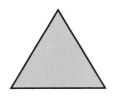　　② 　　③

（　　　　　）　　（正五角形）　　（　　　　　）

④ 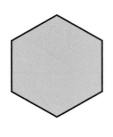　　⑤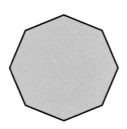

（　　　　　）　（　　　　　）

2 ①〜④の図で，正多角形といえるものを１つずつ選んで，（　）に○をつけましょう。

〔1問　15点〕

①
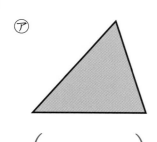 ㋐
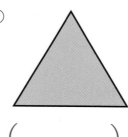 ㋑
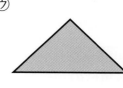 ㋒

（　　　）　　　　（　　　）　　　　（　　　）

②
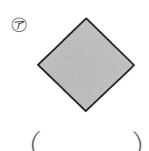 ㋐
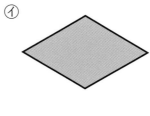 ㋑
 ㋒

（　　　）　　　　（　　　）　　　　（　　　）

③
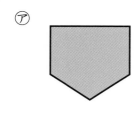 ㋐
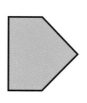 ㋑
 ㋒

（　　　）　　　　（　　　）　　　　（　　　）

④
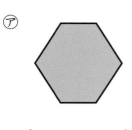 ㋐
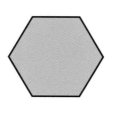 ㋑
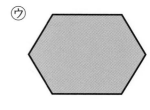 ㋒

（　　　）　　　　（　　　）　　　　（　　　）

🖐おぼえよう

【正多角形のかき方〈例・正六角形〉】

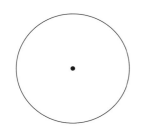

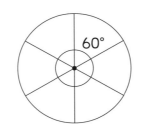

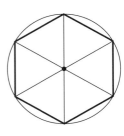

① 円をかく。

② 円の中心の まわりの角を 6等分する。

③ 円と交わっ た点を順に結 ぶ。

1 次の問題に答えましょう。　　　　　　　　　　　〔1問　12点〕

① 正六角形をかき ます。角⑦は何度 にすればよいです か。

② 正五角形をかき ます。角⑦は何度 にすればよいです か。

③ 正八角形をかき ます。角⑦は何度 にすればよいです か。

式

式

式

360÷6＝

答え（　　　　　）

答え（　　　　　）

答え（　　　　　）

次の正多角形をかきましょう。 〔1問 16点〕

① 正六角形

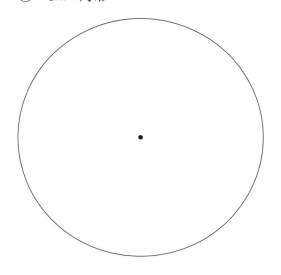

② 正五角形

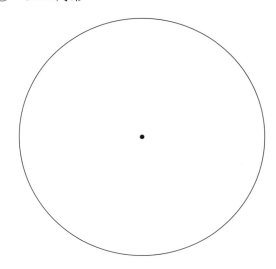

③ 正八角形

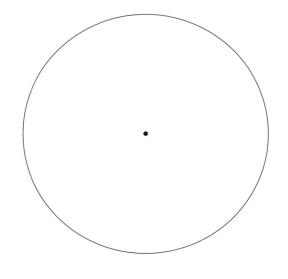

④ 正十二角形

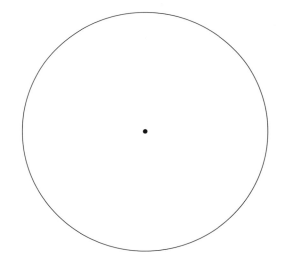

・**おぼえよう**・

・円のまわりを**円周**といいます。

・**円周 ＝ 直径×3.14**

・3.14を**円周率**といいます。
（円周率＝円周÷直径）

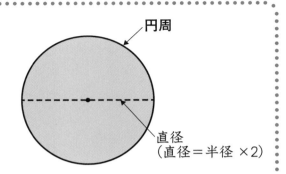

円周

直径
（直径＝半径 ×2）

1 次の円の円周の長さを求めましょう。 〔1問 10点〕

①

2cm

②

3cm

式 2×3.14＝

答え （   ）

式

答え （   ）

③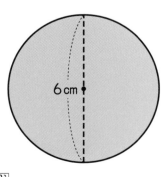

6cm

④

1cm

式

答え （   ）

式

答え （   ）

2 次の円の円周の長さを求めましょう。

〔1問 10点〕

①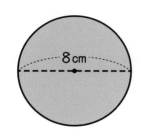

8 cm

式

答え （　　　　　　　　　）

②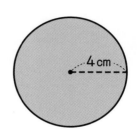

4 cm

式 4×2×3.14＝

答え （　　　　　　　　　）

③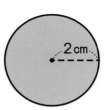

2 cm

式

答え （　　　　　　　　　）

④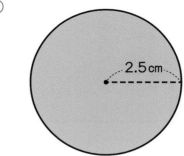

2.5 cm

式

答え （　　　　　　　　　）

⑤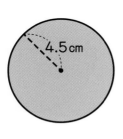

4.5 cm

式

答え （　　　　　　　　　）

⑥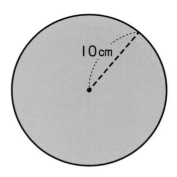

10 cm

式

答え （　　　　　　　　　）

ポイント

右の図のまわりの長さは，円周の長さの半分と，直径の長さの和です。

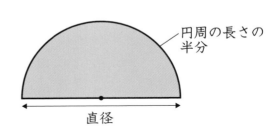

円周の長さの半分

直径

1 次の図のまわりの長さを求めましょう。　　　〔1問　10点〕

①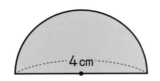

式

$4 \times 3.14 \div 2 + 4 =$

答え（　　　　　　）

②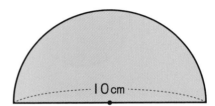

式

答え（　　　　　　）

③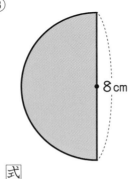

8cm

式

答え（　　　　　　）

④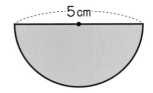

5cm

式

答え（　　　　　　）

2 次の図のまわりの長さを求めましょう。 〔1問 10点〕

①

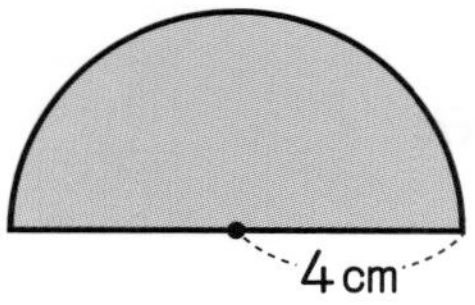

4cm

式
4×2×3.14÷2+4×2＝

答え（　　　　　　　）

②

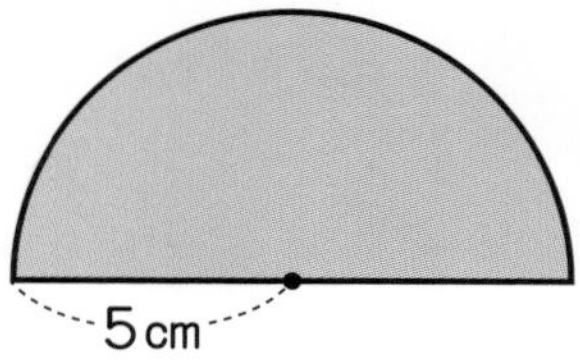

5cm

式

答え（　　　　　　　）

③

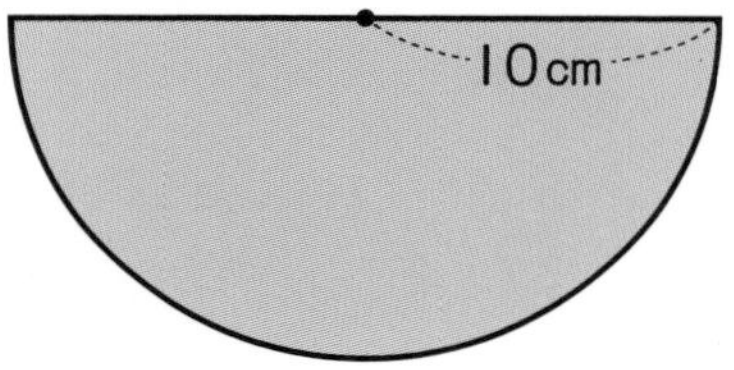

10cm

式

答え（　　　　　　　）

④

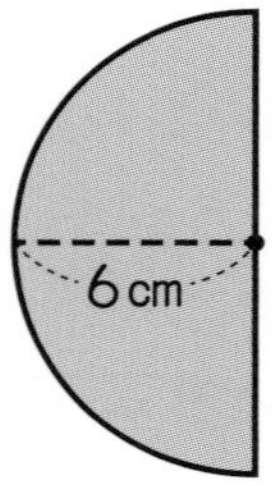

6cm

式

答え（　　　　　　　）

⑤

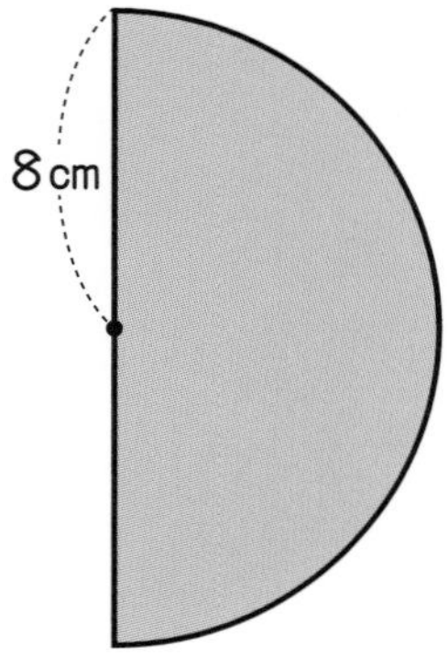

8cm

式

答え（　　　　　　　）

⑥

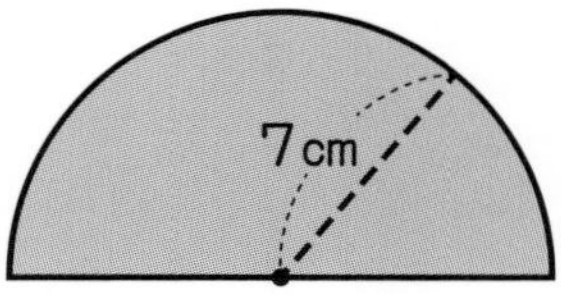

7cm

式

答え（　　　　　　　）

答え➡別冊16ページ

ポイント

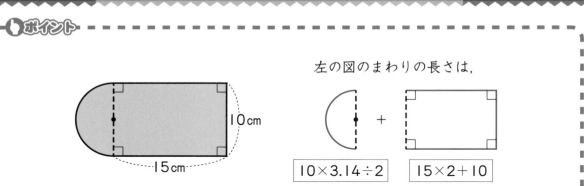

左の図のまわりの長さは,

$10×3.14÷2$ ＋ $15×2+10$

1 次の図のまわりの長さを求めましょう。　　　〔1問　20点〕

①

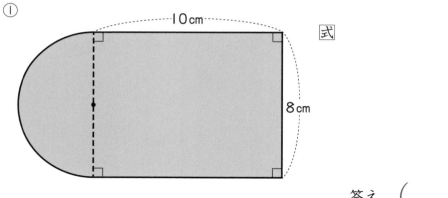

式

答え （　　　　　　　　）

②

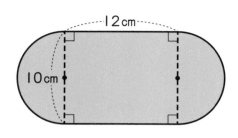

式

答え （　　　　　　　　）

次の図のまわりの長さを求めましょう。　　　〔1問　20点〕

①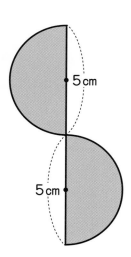

式

答え （　　　　　）

②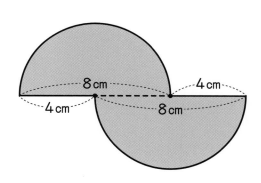

式

答え （　　　　　）

③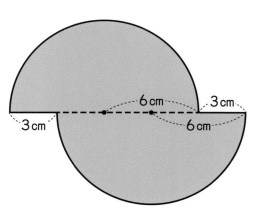

式

答え （　　　　　）

ポイント

左の図の，□の部分のまわりの長さは，

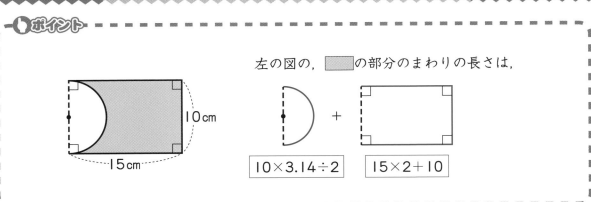

$10 \times 3.14 \div 2$ $15 \times 2 + 10$

1 次の図の，□の部分のまわりの長さを求めましょう。　　〔1問　20点〕

①

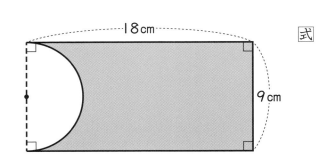

式

答え（　　　　　　　）

②

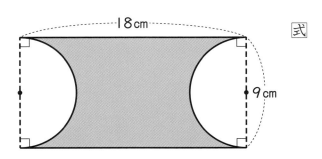

式

答え（　　　　　　　）

2 次の図の，▭▭の部分のまわりの長さを求めましょう。　　〔1問　20点〕

①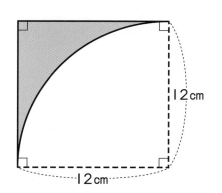

式

答え　（　　　　　　　　）

②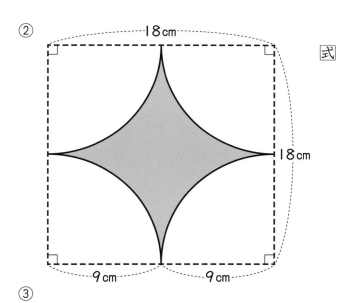

式

答え　（　　　　　　　　）

③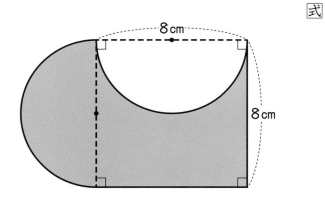

式

答え　（　　　　　　　　）

1 次の正多角形をかきましょう。 〔1問 20点〕

① 正六角形

② 正八角形

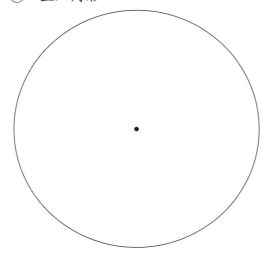

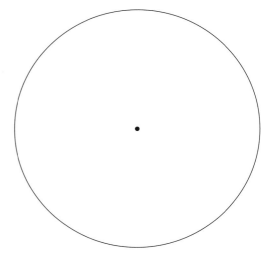

2 次の円の円周の長さを求めましょう。 〔1問 10点〕

①

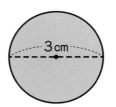

3 cm

式

答え（　　　　　　）

②

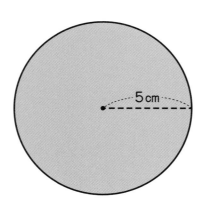

5 cm

式

答え（　　　　　　）

3 次の図のまわりの長さを求めましょう。 〔1問 10点〕

①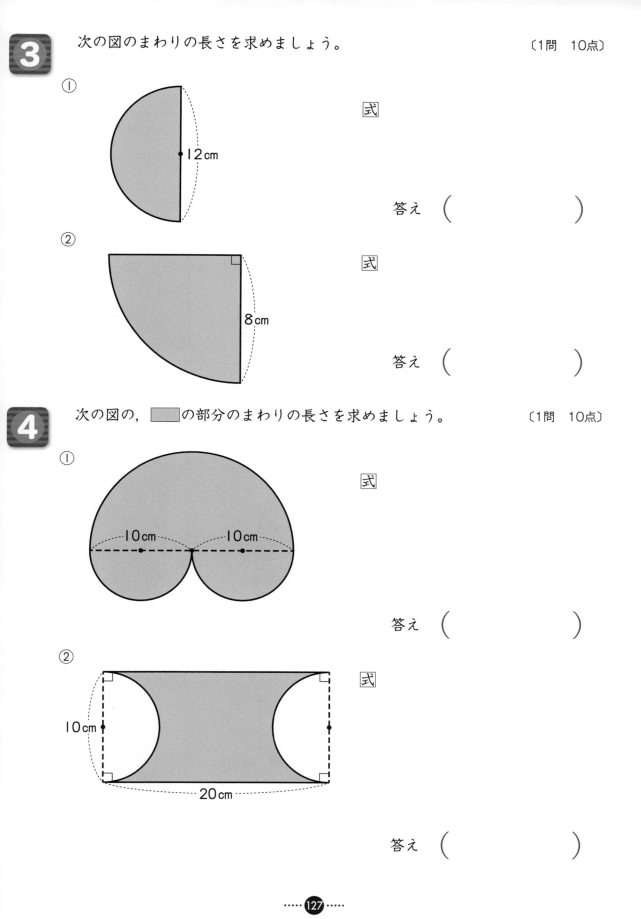

12cm

式

答え （　　　　　）

② 8cm

式

答え （　　　　　）

4 次の図の， ▨ の部分のまわりの長さを求めましょう。 〔1問 10点〕

① 10cm 10cm

式

答え （　　　　　）

② 10cm 20cm

式

答え （　　　　　）

角柱と円柱

おぼえよう

下のような立体を**角柱**といいます。

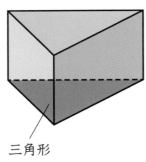 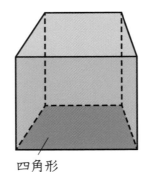 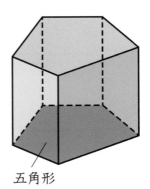

三角形   四角形   五角形

三角柱   **四角柱**   **五角柱**

 次の立体は何という立体ですか。（　　）に名前を書きましょう。

〔1問　10点〕

① 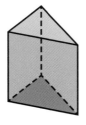　　② 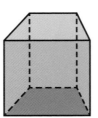　　③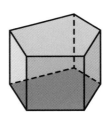

（ 三角柱 ）　　（　　　　　）　　（　　　　　）

④ 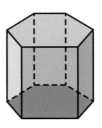　　⑤ 　　⑥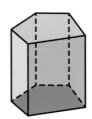

（　　　　　）　　（　　　　　）　　（　　　　　）

下のような立体を**円柱**（えんちゅう）といいます。

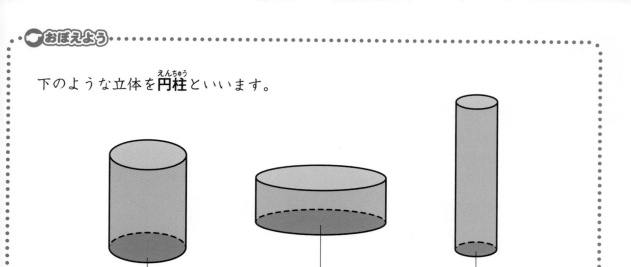

円

2 次の立体は何という立体ですか。（　　）に名前を書きましょう。　〔1問　5点〕

①
（ 円柱 ）

②
（　　　　　）

③
（　　　　　）

④
（　　　　　）

⑤
（　　　　　）

⑥
（　　　　　）

⑦
（　　　　　）

⑧
（　　　　　）

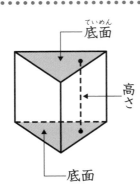

底面
てぃめん

高さ

底面

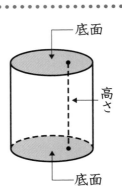

底面

高さ

底面

（　　）にあてはまることばを書きましょう。　　　　　〔1つ　10点〕

①

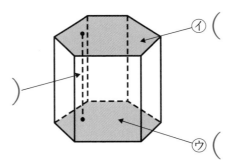

ア（　　　　　　　　）

イ（　　　　　　　　）

ウ（　　　　　　　　）

②

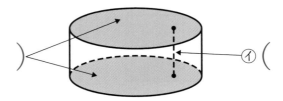

ア（　　　　　　　　）

イ（　　　　　　　　）

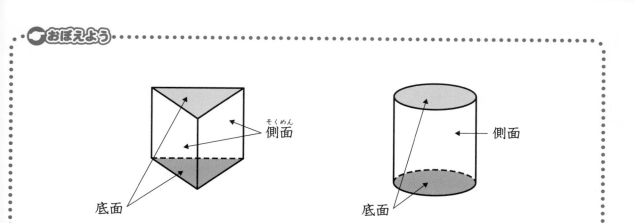

側面

そくめん

底面

底面

2 （　　）にあてはまることばを書きましょう。　　　〔1つ　10点〕

①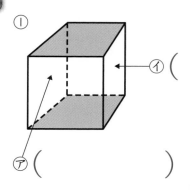

ⓘ（　　　　　　　　）

㋐（　　　　　　　　）

②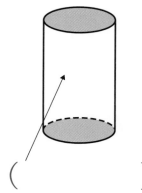

（　　　　　　　　）

3 （　　）にあてはまることばを書きましょう。　　　〔1つ　10点〕

㋐（　　　　　　　　）

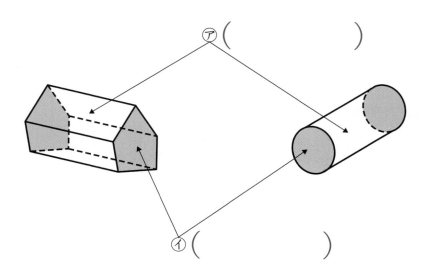

㋑（　　　　　　　　）

おぼえよう

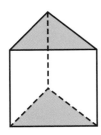
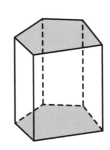

・角柱の２つの底面は合同な
多角形です。

・２つの底面は平行になって
います。

・側面は正方形か長方形です。

 下の図のような三角柱があります。次の問題に答えましょう。　〔1問　10点〕

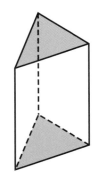

①　底面はどんな形ですか。

（　　　　　　　　　　）

②　側面はどんな形ですか。

（　　　　　　　　　　）

---

2 下の図のような六角柱があります。次の問題に答えましょう。　〔1問　10点〕

①　底面はどんな形ですか。

（　　　　　　　　　　）

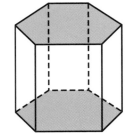

②　側面はどんな形ですか。

（　　　　　　　　　　）

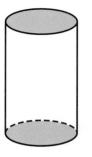 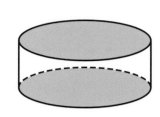

・円柱の２つの底面は合同な
　円です。
・２つの底面は平行になって
　います。
・側面は曲面です。

 下の図のような円柱があります。次の問題に答えましょう。　〔1問　10点〕

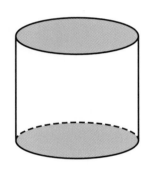

① 底面はどんな形ですか。

（　　　　　　　　　　）

② 側面は，平面ですか，曲面ですか。

（　　　　　　　　　　）

 下の図のような角柱があります。次の問題に答えましょう。　〔1問　10点〕

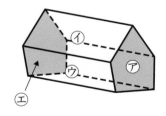

① 底面はどんな形ですか。

（　　　　　　　　　　）

② 側面はどんな形ですか。

（　　　　　　　　　　）

③ ㋐の面と合同な面は，どの面ですか。

（　　　　　　）の面

④ ㋐の面と平行な面は，どの面ですか。

（　　　　　　）の面

73 底面と側面③

ポイント

三角柱　　　　四角柱　　　　五角柱　　　　六角柱

頂点の数は
底面の頂点
の数の2倍。
辺の数は
底面の辺の
数の3倍。

角柱の頂点と辺の数をたしかめましょう。

	三角柱	四角柱	五角柱	六角柱
頂点の数	6	8	10	12
辺の数	9	12	15	18

1 下の図のような五角柱があります。次の問題に答えましょう。　〔1問　10点〕

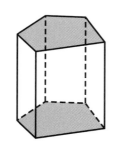

① 底面はどんな形ですか。

（　　　　　　　）

② 頂点はいくつありますか。

（　　　　　　　）

③ 辺はいくつありますか。

（　　　　　　　）

2 下の表は，角柱の頂点と辺の数をまとめたものです。（　　）にあてはまる数を書きましょう。　〔1つ　4点〕

	三角柱	六角柱	五角柱	四角柱	八角柱
頂点の数	6	②（　　）	③（　　）	8	⑤（　　）
辺の数	①（　　）	18	④（　　）	12	24

角柱の面の数もたしかめましょう。

	三角柱	四角柱	五角柱	六角柱
頂点の数	6	8	10	12
辺の数	9	12	15	18
面の数	5	6	7	8

面の数は,どれも底面の辺の数に,2をたした数だね。

3 下の図のような四角柱があります。次の問題に答えましょう。　〔1問　10点〕

① 底面はどんな形ですか。

（　　　　　　）

② 頂点はいくつありますか。

（　　　　　　）

③ 面はいくつありますか。

（　　　　　　）

4 次の角柱の頂点, 辺, 面の数を下の表にまとめましょう。　〔20点〕

	三角柱	四角柱	五角柱	六角柱
1つの底面の辺の数	3	4	5	6
頂点の数				
辺の数				
面の数				

答え➡別冊18ページ

1 下の図は，三角柱の見取図と展開図です。次の問題に答えましょう。

〔1つ　5点〕

（見取図）

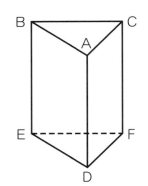

（展開図）

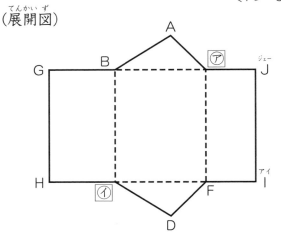

① 展開図の㋐にあてはまるアルファベットを書きましょう。

（　　　　　）

② 展開図の㋑にあてはまるアルファベットを書きましょう。

（　　　　　）

③ 展開図を組み立てたとき，見取図の頂点Aに集まる点は，点B～Jのどの点ですか。すべて書きましょう。（2つあります。）

（　　　　　）（　　　　　）

④ 展開図を組み立てたとき，見取図の頂点Dに集まる点は，点B～Jのどの点ですか。すべて書きましょう。（2つあります。）

（　　　　　）（　　　　　）

2 下の図は，三角柱の見取図と展開図です。次の問題に答えましょう。

〔①は1つ　10点　②と③は1つ　5点〕

（見取図）　　　　　　　　　　　　（展開図）

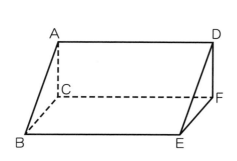

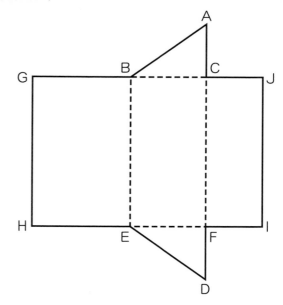

① 展開図は，見取図のどの辺を切り開いたものですか。切り開いた見取図の辺をすべて書きましょう。

（辺ＡＤ）（　　　　　）（　　　　　）

（　　　　　）（　　　　　）

② 展開図を組み立てたとき，点Ｇに集まる点はどれですか。すべて書きましょう。

（　　　　　）（　　　　　）

③ 展開図を組み立てたとき，点Ｉに集まる点はどれですか。すべて書きましょう。

（　　　　　）（　　　　　）

1 下の図は，三角柱の見取図と展開図です。次の問題に答えましょう。

〔1つ 5点〕

(見取図)

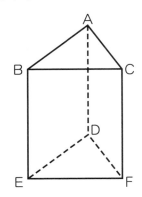

(展開図)

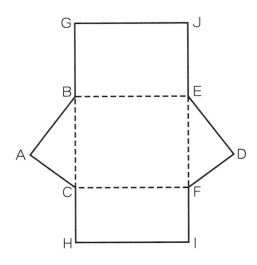

① 展開図は，見取図のどの辺を切り開いたものですか。切り開いた見取図の辺をすべて書きましょう。

( ) ( ) ( )

( ) ( )

② 展開図を組み立てたとき，辺ＡＢと重なる辺はどの辺ですか。

( )

③ 展開図を組み立てたとき，辺ＡＣと重なる辺はどの辺ですか。

( )

④ 展開図を組み立てたとき，辺ＧＪと重なる辺はどの辺ですか。

( )

2 下の図は，四角柱の見取図と展開図です。次の問題に答えましょう。

〔1つ　5点〕

（見取図）

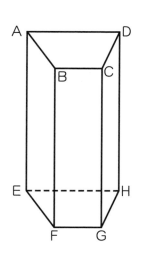

（展開図）

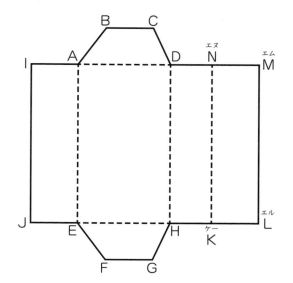

① 展開図は，見取図のどの辺を切り開いたものですか。切り開いた見取図の辺をすべて書きましょう。

（　　　　　）（　　　　　）（　　　　　）（　　　　　）

（　　　　　）（　　　　　）（　　　　　）

② 展開図を組み立てたとき，辺ＡＢと重なる辺はどの辺ですか。

（　　　　　）

③ 展開図を組み立てたとき，辺ＢＣと重なる辺はどの辺ですか。

（　　　　　）

④ 展開図を組み立てたとき，辺ＥＪと重なる辺はどの辺ですか。

（　　　　　）

⑤ 展開図を組み立てたとき，辺ＫＬと重なる辺はどの辺ですか。

（　　　　　）

⑥ 展開図を組み立てたとき，辺ＭＬと重なる辺はどの辺ですか。

（　　　　　）

76 角柱と展開図③

1 下の図は，三角柱の見取図と展開図です。次の問題に答えましょう。

〔1つ　5点〕

（見取図）

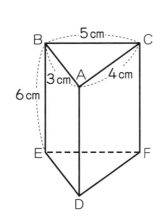

（展開図）

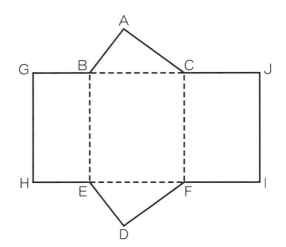

① 展開図の，次の部分の長さは何cmですか。

AB （　　　　　　　）　　　　BG （　　　　　　　）

AC （　　　　　　　）　　　　CJ （　　　　　　　）

ED （　　　　　　　）　　　　EH （　　　　　　　）

FI （　　　　　　　）　　　　DF （　　　　　　　）

GH （　　　　　　　）

② この三角柱の高さは何cmですか。

（　　　　　　　）

2 下の図は，三角柱の見取図と展開図です。次の問題に答えましょう。

（見取図）　　　　　　　　　　（展開図）

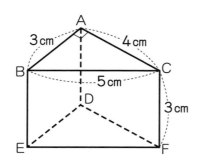

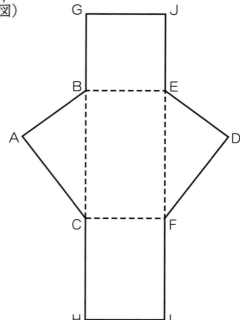

① 展開図の，次の部分の長さは何cmですか。

AB（　　　　　　　）　　　AC（　　　　　　　）

DE（　　　　　　　）　　　DF（　　　　　　　）

BG（　　　　　　　）　　　EJ（　　　　　　　）

CH（　　　　　　　）　　　FI（　　　　　　　）

EF（　　　　　　　）

② この三角柱の高さは何cmですか。

（　　　　　　　）

77 角柱と展開図④

1 下のような三角柱の展開図をかきます。つづきをかきましょう。 〔1問 25点〕

①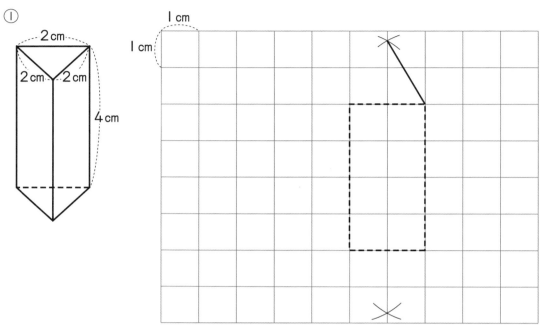

②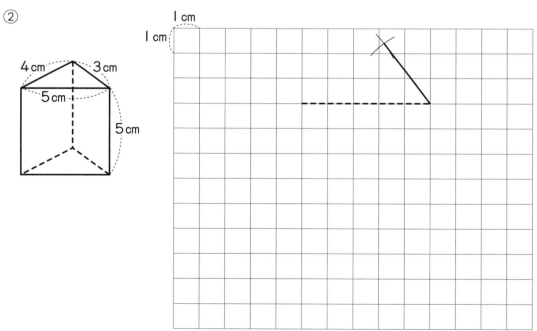

2 下のような三角柱の展開図をかきましょう。 〔1問 25点〕

① 底面が1辺3cmの正三角形で，高さが5cmの三角柱

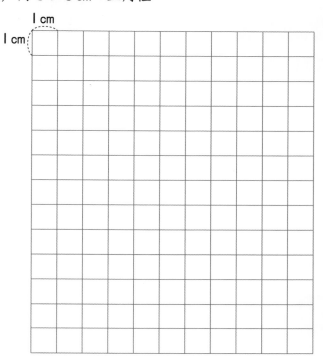

② 底面が下のような
直角三角形で，
高さが7cmの
三角柱

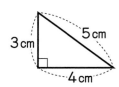

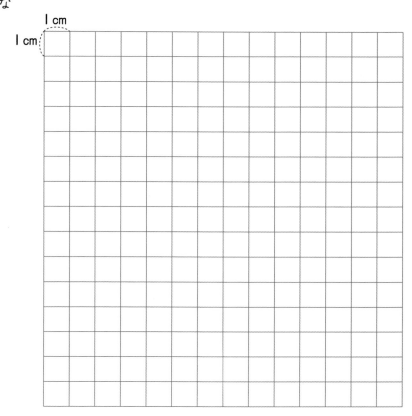

78 円柱と展開図①

ポイント

円柱の展開図では，側面は長方形に
なります。

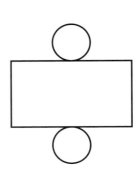

1 次の⑦〜⊆の展開図のうち，組み立てると円柱になるものを1つ選んで，（　　　）
に○をつけましょう。　〔20点〕

⑦

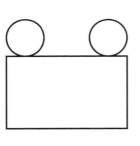

（　　　）

⑦

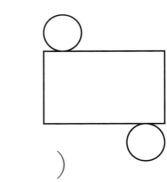

（　　　）

⑦

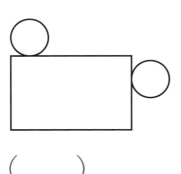

（　　　）

⊆

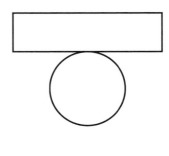

（　　　）

2 下の図は，円柱の見取図と展開図です。次の問題に答えましょう。

〔1問　20点〕

（見取図）

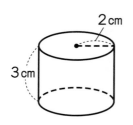

（展開図）

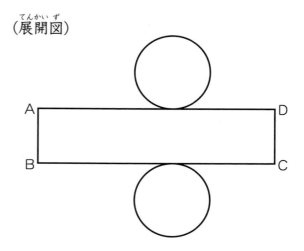

① 展開図の長方形ＡＢＣＤは，円柱の何という面にあたりますか。

（　　　　　　　　）

② 辺ＡＢの長さは何cmですか。

（　　　　　　　　）

3 下の図は，円柱の見取図と展開図です。次の問題に答えましょう。

〔1問　20点〕

（見取図）

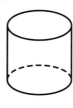

（展開図）

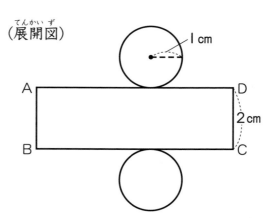

① 底面の直径は何cmですか。

（　　　　　　　　）

② この円柱の高さは何cmですか。

（　　　　　　　　）

79

角柱と円柱⑩

円柱と展開図②

得点

点

答え➡別冊19ページ

ポイント

右の円柱の展開図で，辺ＡＤの長さは底面の円周の長さと同じです。

（円周＝直径×3.14）

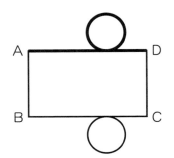

1 下の円柱の展開図で，辺ＡＤの長さを求めましょう。 〔1問 20点〕

①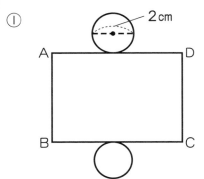

式

答え （ 　　　　　　 ）

②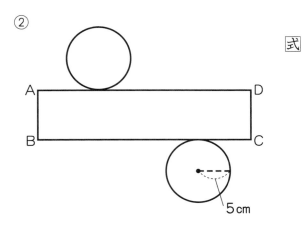

式

答え （ 　　　　　　 ）

2 下の図は，円柱の見取図と展開図です。展開図の辺ＡＤの長さを求めましょう。

〔1問　20点〕

① （見取図）　1 cm

（展開図）

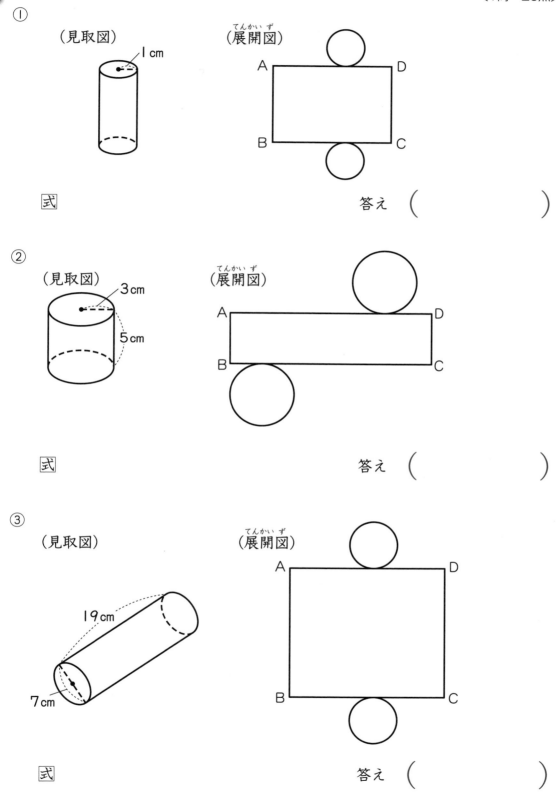

式

答え（　　　　　　　）

② （見取図）　3 cm　5 cm

（展開図）

式

答え（　　　　　　　）

③ （見取図）　19 cm　7 cm

（展開図）

式

答え（　　　　　　　）

1 下のような円柱の展開図をかきます。つづきをかきましょう。 〔1問 25点〕

① 2cm 3cm

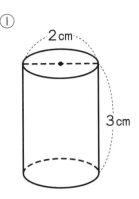

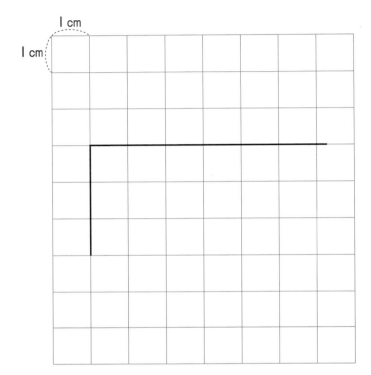

② 2cm 2cm

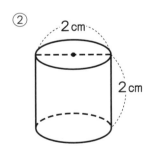

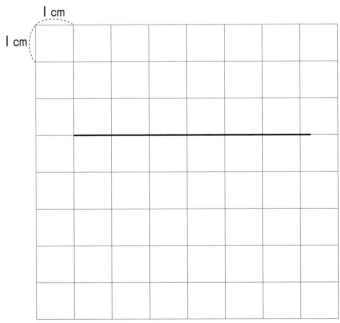

2 下のような円柱の展開図をかきましょう。　　　　　　　　　〔1問　25点〕

① 底面が直径3cmの円で，高さが2cmの円柱

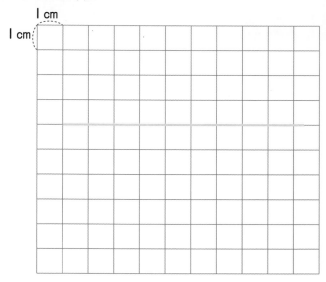

② 底面が半径2cmの円で，高さが6cmの円柱

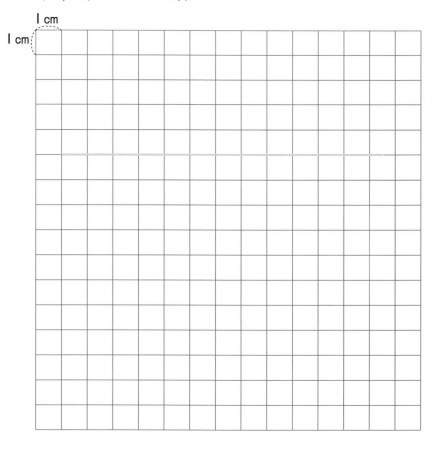

得点

点

答え➡別冊20ページ

ポイント

三角柱の見取図をかくときには，次のことに注意しましょう。

① はじめに，上の底面からかく。

③ 見えない辺は，----でかく。

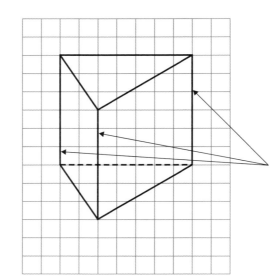

② 平行で長さが等しい辺の組を，正しくかき表す。

たとえば，この3つの辺は，同じ長さで平行にかきます。

1 下のような三角柱の見取図をかきましょう。 〔20点〕

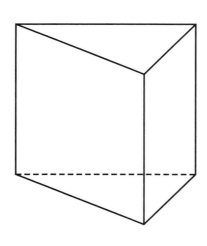

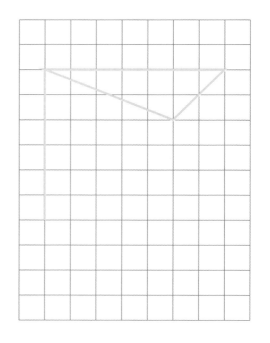

2 下のような三角柱の見取図をかきましょう。 〔1問 40点〕

①

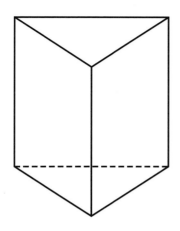

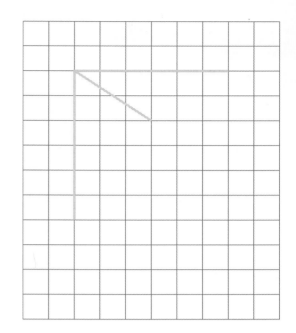

②

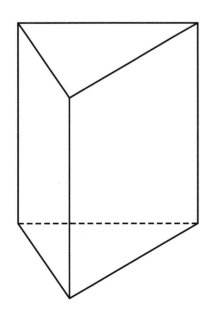

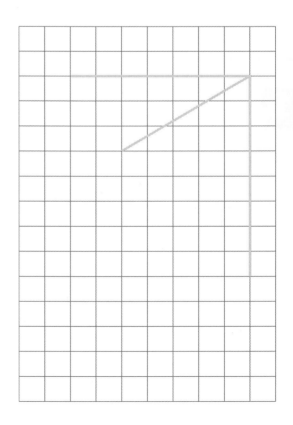

得点

点

答え➡別冊20ページ

ポイント

円柱の見取図をかくときには，次のことに注意しましょう。

① 底面の円周は，なめらかにかく。

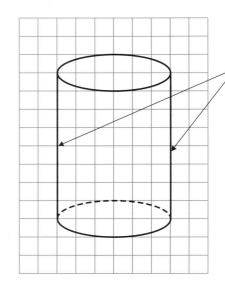

② 平行で，等しい長さでかく。

③ 見えない円周は，----でかく。

 下のような円柱の見取図をかきましょう。　　　　〔20点〕

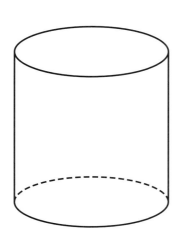

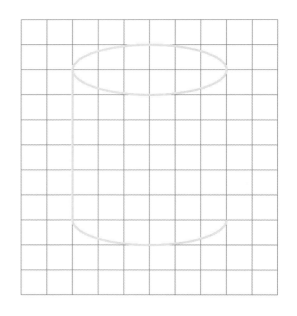

2 下のような円柱の見取図をかきましょう。　　　　　〔1問　40点〕

①

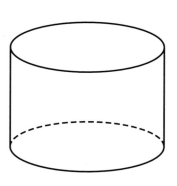

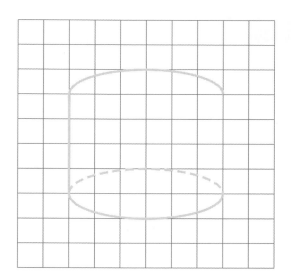

②

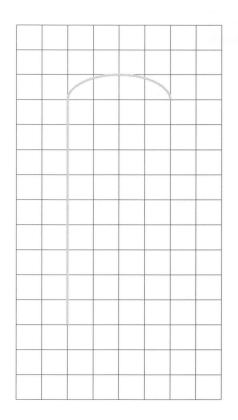

1 下の図のような角柱があります。次の問題に答えましょう。 〔1問 10点〕

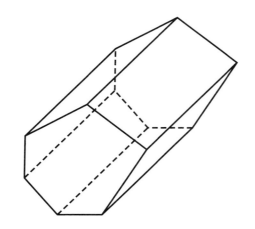

① 角柱の名前を書きましょう。

（ 　　　　　 ）

② 底面はどんな形ですか。

（ 　　　　　 ）

③ 側面はどんな形ですか。

（ 　　　　　 ）

2 次の角柱の頂点，辺，面の数を下の表にまとめましょう。 〔20点〕

 三角柱　　　　　四角柱　　　　　六角柱

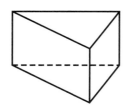 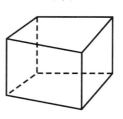 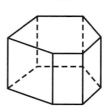

	三角柱	四角柱	五角柱	六角柱
1つの底面の辺の数			5	
頂点の数			10	
辺の数			15	
面の数			7	

③ 下の図は，五角柱の展開図です。次の問題に答えましょう。　〔1問　10点〕

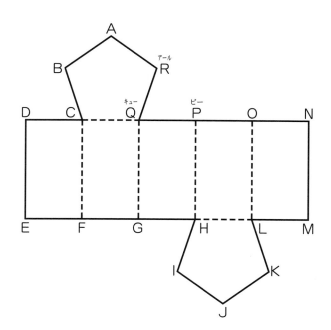

① 展開図を組み立てたとき，点Bに集まる点はどれですか。すべて書きましょう。

（　　　　　　　　）

② 展開図を組み立てたとき，点Mに集まる点はどれですか。すべて書きましょう。

（　　　　　　　　）

③ 展開図を組み立てたとき，辺ABと重なる辺はどの辺ですか。

（　　　　　　　　）

④ 下のような三角柱の展開図をかきましょう。　〔20点〕

底面が1辺2cmの
正三角形で，高さ
が3.5cmの三角柱

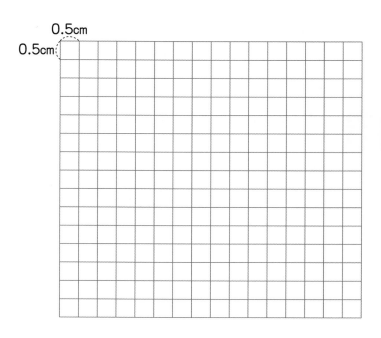

1 次の⑧の角の大きさは何度ですか。 〔1問 10点〕

①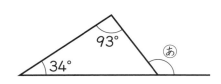

②
73°
⑧
75° 70°

式

答え （ 　　　 ）

式

答え （ 　　　 ）

2 次の立体の体積を求めましょう。 〔20点〕

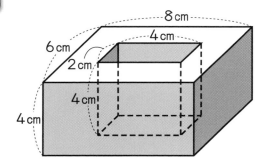

式

答え （ 　　　 ）

3 次の直方体の形をした入れ物の容積を求めましょう。 〔20点〕

［板のあつさは
どこも2cm］

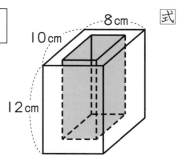

式

答え （ 　　　 ）

4 次の三角形と合同な三角形を□にかきましょう。 〔10点〕

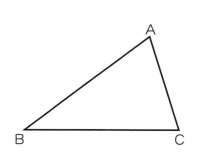

5 次の図形の面積を求めましょう。 〔1問 10点〕

①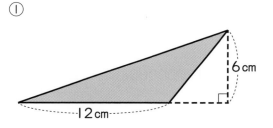

② （台形）

式

式

答え （　　　　　　　）　　　答え （　　　　　　　）

6 下の図の，▨の部分のまわりの長さを求めましょう。 〔10点〕

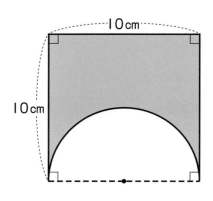

式

答え （　　　　　　　）

□にあてはまる数を書きましょう。

〔1問 2点〕

① $1\,m^3 = $ ☐ cm^3

② $8\,m^3 = $ ☐ cm^3

③ $10\,m^3 = $ ☐ cm^3

④ $18\,m^3 = $ ☐ cm^3

⑤ $2000000\,cm^3 = $ ☐ m^3

⑥ $6000000\,cm^3 = $ ☐ m^3

⑦ $9000000\,cm^3 = $ ☐ m^3

⑧ $12000000\,cm^3 = $ ☐ m^3

⑨ $7\,L = $ ☐ cm^3

⑩ $5\,L = $ ☐ cm^3

⑪ $2\,L = $ ☐ cm^3

⑫ $10\,L = $ ☐ cm^3

⑬ $3000\,cm^3 = $ ☐ L

⑭ $12000\,cm^3 = $ ☐ L

⑮ $8000\,cm^3 = $ ☐ L

⑯ $6000\,cm^3 = $ ☐ L

⑰ $5\,L = $ ☐ mL

⑱ $8000\,mL = $ ☐ L

⑲ $3\,m^3 = $ ☐ L

⑳ $4000\,L = $ ☐ m^3

2 □にあてはまる数を書きましょう。　　　　　〔1問　3点〕

① 200000cm³ = □ m³　　② 1200000cm³ = □ m³

③ 7000cm³ = □ L　　④ 3400L = □ m³

⑤ 2.3m³ = □ cm³　　⑥ 800cm³ = □ L

⑦ 1500mL = □ L　　⑧ 10m³ = □ L

⑨ 12m³ = □ L　　⑩ 12m³ = □ cm³

⑪ 3700mL = □ L　　⑫ 5.2L = □ cm³

⑬ 12L = □ cm³　　⑭ 5900cm³ = □ L

⑮ 1200L = □ m³　　⑯ 3200cm³ = □ L

⑰ 0.27L = □ cm³

⑱ 870000cm³ = □ m³

⑲ 15800mL = □ L

⑳ 0.85m³ = □ cm³

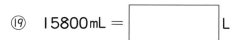

最後まで
がんばったね！

基礎力をつけるには くもんの小学ドリル が 強いみかた!!

スモールステップで、らくらく力がついていく!!

算数

計算シリーズ(全13巻)
- ① 1年生たしざん
- ② 1年生ひきざん
- ③ 2年生たし算
- ④ 2年生ひき算
- ⑤ 2年生かけ算（九九）
- ⑥ 3年生たし算・ひき算
- ⑦ 3年生かけ算
- ⑧ 3年生わり算
- ⑨ 4年生わり算
- ⑩ 4年生分数・小数
- ⑪ 5年生分数
- ⑫ 5年生小数
- ⑬ 6年生分数

数・量・図形シリーズ(学年別全6巻)

文章題シリーズ(学年別全6巻)

プログラミング
- ① 1・2年生
- ② 3・4年生
- ③ 5・6年生

学力チェックテスト

算数(学年別全6巻)

国語(学年別全6巻)

英語(5年生・6年生 全2巻)

国語

1年生ひらがな

1年生カタカナ

漢字シリーズ(学年別全6巻)

言葉と文のきまりシリーズ(学年別全6巻)

文章の読解シリーズ(学年別全6巻)

書き方(書写)シリーズ(全4巻)
- ① 1年生ひらがな・カタカナのかきかた
- ② 1年生かん字のかきかた
- ③ 2年生かん字の書き方
- ④ 3年生漢字の書き方

英語

3・4年生はじめてのアルファベット
ローマ字学習つき

3・4年生はじめてのあいさつと会話

5年生英語の文

6年生英語の文

くもんの算数集中学習　小学5年生 単位と図形にぐーんと強くなる

2020年2月　第1版第1刷発行
2024年8月　第1版第10刷発行

- ●発行人　泉田義則
- ●発行所　株式会社くもん出版
  〒141-8488
  東京都品川区東五反田2-10-2
  東五反田スクエア11F
  電話　編集直通　03(6836)0317
  　　　営業直通　03(6836)0305
  　　　代表　　　03(6836)0301

- ●印刷・製本　TOPPAN株式会社
- ●カバーデザイン　辻中浩一+小池万友美(ウフ)
- ●カバーイラスト　亀山鶴子

- ●本文イラスト　住井陽子・中川貴雄
- ●本文デザイン　坂田良子
- ●編集協力　出井秀幸

© 2020 KUMON PUBLISHING CO.,Ltd　Printed in Japan
ISBN 978-4-7743-3051-8

くもん出版ホームページアドレス　https://www.kumonshuppan.com/

※本書は『単位と図形集中学習 小学5年生』を改題したもので、内容は同じです。